Verständliche Wissenschaft Band 76

Alfons Gabriel

Die Wüsten der Erde
und ihre Erforschung

Nachdruck der ersten Auflage

Mit 34 Abbildungen
und einem Kartenanhang

Springer-Verlag
Berlin Heidelberg New York 1978

Herausgeber Prof. Dr. Karl v. Frisch, München

Prof. Dr. Alfons Gabriel †
Hasenauerstraße 8
A-1180 Wien

Umschlagentwurf: W. Eisenschink, Heddesheim

ISBN-13:978-3-540-02765-2   e-ISBN-13:978-3-642-80545-5
DOI : 10.1007/978-3-642-80545-5

2130/3130-54321

Vorwort zum Nachdruck der ersten Auflage

In den letzten Jahren ist die Nachfrage nach dem Bändchen von Alfons Gabriel „Die Wüsten der Erde und ihre Erforschung" stark angewachsen. Man kann daraus auf ein gesteigertes Interesse an den Wüstengebieten schließen, vielleicht wegen der großen Ölfunde oder wegen der Bewässerungspläne, welche das sterile Land fruchtbar machen sollen. Mag sein, daß auch die Kenntnis von Gabriels ausgezeichneter, leicht verständlicher Darstellung erst allmählich in weitere Kreise gedrungen ist.

Leider ist der Autor vor kurzer Zeit verstorben, so daß eine von ihm selbst bearbeitete Neuauflage nicht mehr in Frage kam. Unter diesen Umständen ist es zu begrüßen, daß sich der Verlag zunächst zu einem unveränderten Nachdruck entschlossen hat. Die Behandlung aller Wüsten, über die ganze Erde hin, lenkt den Blick auf die bestehenden Gemeinsamkeiten, aber auch auf sehr unterschiedliche Typen im Charakter dieser Ödländer und bringt deren Entstehung dem Verständnis näher. Es geht um die elementaren Erscheinungen und die wesentlichen Probleme der Wüstenbildung, worin seit dem Erscheinen des Buches keine großen Wandlungen zu verzeichnen sind. Heute haben freilich die Entwicklung von Auto und Flugzeug die weißen Flecken in den Landkarten rasch schrumpfen lassen. Der Autor hat die von ihm durchforschten Wüsten, der Zeit gemäß, noch in alter Weise bereist, ohne Scheu vor schweren Entbehrungen, mit Ausdauer und Gründlichkeit und in einer Fühlung mit der Natur, zu der die moderne Technik nicht hinführt. Darin liegt die starke persönliche Note und der besondere Zauber, dem der Leser in Gabriels Schilderungen begegnet.

München, den 9. Februar 1978

Prof. Dr. K. v. Frisch

V

Vorwort

Seit dem Erscheinen von J. Walthers bereits klassischem Werk über „Das Gesetz der Wüstenbildung" im Jahre 1900 ist eine Flut von Arbeiten über die Wüsten teils in Aufsätzen in Fachzeitschriften, teils in Lehrbüchern veröffentlicht worden. Wir besitzen auch ausgezeichnete Monographien einzelner Wüsten, wie die von E. F. Gautier der Sahara, von H. Mortensen der Atacama oder von E. Kaiser der Diamantenwüste Südafrikas. Es gibt zudem eine vorzügliche länderkundliche Darstellung der Sahara für einen breiteren Leserkreis von H. Schiffers. Eine gemeinverständliche Behandlung *aller* Wüsten der Erde wurde aber meines Wissens bisher nicht verfaßt. Das „Bild der Wüste", das der Autor vor zwei Jahren herausgab, behandelt nicht die einzelnen Wüsten der Erde und ihre Erforschung, sondern gilt mehr einer Milieuschilderung der Wüste im allgemeinen sowie eigenen und fremden Erlebnissen auf Wüstenreisen. Wenige Zweige der Geographie werden so sehr wie die Wüstenforschung von ungeklärten Fragen beherrscht, und es konnte nicht vermieden werden, auf viele von ihnen hinzuweisen. Dem Herausgeber der Schriftenreihe „Verständliche Wissenschaft" danke ich dafür, daß er mir die Aufgabe anvertraut hat.

Wien, den 11. August 1960

Prof. Dr. Alfons Gabriel

Inhaltsverzeichnis

I. Wesen und Grenzen der Wüste

Auf eine Frage, was Wüsten sind, kann man recht unterschiedliche Antworten bekommen. Die meisten werden nach allgemeinem Sprachgebrauch dahin lauten, Wüsten sind Teile der Erdoberfläche, die so wasserarm sind, daß sich kein oder fast kein Leben auf ihnen festigen kann.

Oft jedoch haben wir das Wort „Wüste" bei der Hand, wenn das Gebiet, von dem wir sprechen, durchaus nicht trocken ist.

Da mag jemand von einer Nordlandreise zurückkommen; vielleicht hat er einen Blick über die Randgebirge Grönlands werfen können und war fasziniert vor einer Eiswüste gestanden. Ein anderer hat die Weltmeere befahren und erzählt von der stillen Wasserwüste, die ihn tage- oder wochenlang umgab. Ein dritter stieg ins Hochgebirge und sah über die Gipfelflur oberhalb der Vegetationsgrenze; auch er hatte in gewissem Sinn eine Wüste vor sich. In allen Fällen war das Gebiet wüst und leer.

Es gibt auch Forscher, die von Dunkelwüsten, den lichtlosen Tiefen der Ozeane, sprechen, von Hitzewüsten in den Gewässern heißer Quellen, von Giftwüsten, die tötlich wirkende Gifte verbreiten, und von allen möglichen anderen Wüsten, sofern nur aus irgend einer Ursache Lücken im lebendigen Kleid des nackten Skeletts der Erde vorhanden sind. Wir wollen aber im vorliegenden Bändchen den Begriff der Wüste auf die *Trockenwüste* einschränken.

So einfach es nun auch aufs erste scheint zu beantworten, was ein solcher im engeren Sinn erfaßter Raum ist, wir können sein Wesen doch nicht so leicht eindeutig bestimmen. Beständig wenden wir einen Ausdruck an, dem ein zugehöriger klarer Begriff fehlt.

Alle Gebiete, die trocken und leer sind, sind noch lange keine Wüsten. Ein kahler Vulkankegel oder eine Salzpfanne sind keine

Wüsten; aber die berüchtigten *Harrah*, die frischen vulkanischen Felder im westlichen Arabien, oder die grauenhaften, mit Salzkrusten bedeckten *Kawire* Persiens sind es doch wohl. Wir könnten viele Beispiele anführen, die die Unsicherheit einer unmißverständlichen Begriffsbestimmung zeigen.

Wo liegt also eigentlich das Kennzeichen einer Wüste? Wie stellen wir ihre Grenzen fest? Die Antwort scheint fast selbstverständlich, und trotzdem gibt es bis heute noch keinen allgemein anerkannten geographischen Wüstenbegriff. Dabei ist bemerkenswert, daß die Wüste eines der wenigen geographischen Probleme ist, mit denen sich die Erdkundler seit frühesten Zeiten beschäftigt haben, von Herodot bis zu Kant und den heutigen Gelehrten.

Da die Vertreter der einzelnen Wissenszweige sehr verschiedene Ansichten darüber haben, was vom geographischen Standpunkt überhaupt unter einer Wüste zu verstehen ist, ist bis jetzt eine einheitliche Umgrenzung der Trockenräume der Erde auf unseren Landkarten nicht möglich[1]. Ob nun der Geograph, der Klimatologe oder wer auch immer an die Frage herangeht, jeder legt das Wesen der Sache in andere Merkmale, jeder gibt dem Begriff eine andere Prägung und erörtert die Erscheinungen der Wüstenbildung von seinem besonderen Standpunkt aus. Es ist schwer, die verschiedenen Gesichtspunkte zu vergleichen und unbefangen gegeneinander abzuwägen, um zu einer einheitlichen Auffassung zu kommen.

Die *wirtschaftsgeographische* Anschauungsweise und die Wechselbeziehungen zwischen Mensch und Wohngebiet zur Definition der Wüste herauszustellen, führt auf Abwege, obwohl landläufig ein wesentliches Merkmal der Wüste die Menschenleere ist.

Es scheint etwas für sich zu haben, daran zu erinnern, daß den Bewohner eines Trockenraumes gelehrte Abhandlungen nicht kümmern und daß für ihn eine Wüste dann gegeben ist, wenn das Land nichts mehr für die Aufrechterhaltung der Existenz liefert. Aber so einfach ist die Sache doch nicht, denn der Mensch kann sich ausnahmsweise durch besondere Härte seiner Natur oder durch Errichtung künstlicher Stationen selbst in lebensfeindlich-

---

[1] Auf beiliegenden Karten sind, wie zumeist üblich, die Gebiete mit nicht über 250 mm jährlichen Niederschlages als Trockenräume bezeichnet, die freilich nur zum Teil Wüstencharakter haben.

sten Räumen aufhalten, und so hilft uns die Auffassung der Wüste des volkstümlichen Sprachgebrauches nicht zur Abgrenzung eines gesamtgeographischen Begriffes.

Es wäre bestrickend, bei der Erfassung des Wesens der Wüste und ihrer Grenzen dem *Pflanzengeographen* zu folgen. Viele Vertreter dieses Faches haben sich um eine Klärung der Frage bemüht. Übrigens ist der konventionelle Wüstenbegriff weitgehend durch das Bewuchsbild geprägt.

Der Botaniker spricht bei lockerem Pflanzenbestand bei einer bestimmten Dichte der Vegetation von Steppe. Der Standpunkt wird vertreten, daß das Wort „Wüste" dort berechtigt ist, wo mehr als die Hälfte des Bodens pflanzenleer ist oder wo der nackte Boden vorherrscht. Man hat auch nach Prozenten kahler Fläche den echten Trockenraum bestimmen wollen. Aber alle diese Merkmale erscheinen willkürlich.

Es gibt auch Pflanzengeographen, die die Wüste nur als *völlig* vegetationsloses Gebiet aufgefaßt wissen wollen. Würde man aber wirklich pflanzenlose von pflanzenarmen Bezirken trennen, so käme man zu einem erstaunlich bunten Mosaik der Areale und müßte viele Flächen ausscheiden, die in anderer Hinsicht ganz bestimmt zu den Wüsten gehören. In noch höherem Maße wäre dies der Fall, wenn wir als Wüstenvegetation, wie es Botaniker getan haben, nur solche bezeichnen, die jahreszeitlich erscheint und wieder ganz verschwindet. Eigene Wege haben die Forscher beschritten, die daran eine Wüste erkennen wollen, daß Pflanzenbüsche zu vereinzelt stehen, um in der trockenen Jahreszeit die in der Steppe üblichen Brände entfachen zu lassen.

In vielen Fällen ist es für den Pflanzengeographen ganz unmöglich, das Wesen der Wüste mit der Dichte der Vegetation zu umschreiben. In Mulden und Schluchten gibt es selbst in strengen Trockengebieten oft sehr üppige Grundwassergehölze; auch genügt vielerorts die durch gelegentliche Regen gespeiste Bodenfeuchtigkeit selbst Holzgewächsen. Wie schwierig es ist, Wüsten botanisch abzugrenzen, ersieht man auch besonders in den Räumen, wo Wasserlosigkeit und Bewuchs in auffallendem Mißverhältnis stehen. Die *Sonora-Wüste* hat nur ganz wenige Wasserstellen, ist aber streckenweise keineswegs arm an Pflanzen, und Westaustralien ist trotz seiner Wasserlosigkeit so busch- und baumreich, daß die Goldbergwerke von *Coolgardie* ihre Maschinen mit dem Holz der Nachbarschaft feuerten.

Aber nicht nur in den oben erwähnten Gliederungsversuchen liegt die Schwäche einer Begriffsbestimmung der Wüste durch den Pflanzengeographen. Es ist zu bedenken, daß wie immer es auch mit der Pflanzenarmut oder Pflanzenlosigkeit in der Wüste bestellt sein mag, selbst gänzliche Pflanzenleere kein Kriterium einer Wüste sein muß. Wie oft sind beispielsweise rein bodenbedingte Faktoren die Ursache, daß Pflanzenwuchs fehlt.

Der Boden mag zu nährstoffarm sein, wie bei reinem Quarzsand oder bei den Gipsböden der „White Sands" im *Otero-Basin* in Neu-Mexiko oder in Westaustralien. Es mag die Giftwirkung in Gebieten mit zu stark konzentrierter Salzlösung im Boden eine Rolle spielen. Auch aus mechanischen Gründen können durch hartes Gestein Strecken für Pflanzen unbesiedelbar sein.

Steigen wir in Teneriffa aus der grünen, mit Bananenpflanzungen bestandenen Küstenzone durch den Nebelwald an den Hängen des Pic-de-Teide empor, so geraten wir in eine ganz schauerlich-großartige düstere Landschaft. Ältere und jüngere Lavaströme haben sich in eine riesige Caldera, einen durch Einsturz kesselförmig erweiterten Vulkantrichter ergossen, zu bizarren Formen aufgetürmt und in Wind und Wetter zerrissene Blockfelder gebildet. In den *Cañadas* stehen noch vereinzelte Retamabüsche, aber mit zunehmender Höhe erlischt auch der letzte Funken Lebens. Man könnte sich auf den Mond versetzt glauben, würden nicht mehrere Monate des Jahres kleine Schnee- und Eisfelder zwischen den schwarzen Steinbrocken liegen. Rückt man die Vegetation in den Vordergrund, müßte man in dieser Landschaft eine Wüste sehen.

Ein gewichtiges Wort bei der Definition der Wüste wird wohl dem *Geomorphologen* zukommen, also dem Gelehrten, der sich mit den Oberflächenformen der Erde beschäftigt. Sofern er aber einzelne Landformen für den Wüstenbegriff heranzieht, scheint uns der Weg unbefriedigend.

Betrachten wir zum Beispiel die Küstendünen der Ostsee, der Nordsee und des Atlantischen Ozeans. Ihre schönste Entwicklung haben sie am Golf von Biskaya gefunden, wo sie im Raum von Les Landes vor ihrer Festlegung rasch gegen das Innere vorrückten. Die berühmte 100 Meter hohe *Düne von Pyla*, die höchste

4

Europas, würde sich auch in den schlimmsten Sandmeeren der Trockenräume höchst eindrucksvoll ausnehmen. Eine Wüste haben wir aber hier an der südfranzösischen Küste nicht vor uns. Desgleichen finden wir, wie wir noch hören werden, für die Wüste bezeichnende Verwitterungserscheinungen, wie Pilzfelsen, Rinden- und Krustenbildungen, Bröckellöcher, Kernsprünge und sogar Sandschliffrillen in regenreicheren, gewiß nicht zu den Wüsten zählenden Gebieten.

Noch verwickelter wird das Bild bei Vorzeitformen.

Wenn wir von der Straße, die von Arles nach Aix-en-Provence führt, östlich der Grand Rhône nach Süden in die *Grande Crau* abbiegen, kommen wir über unabsehbar weite Geröllebenen, die wir ebensogut in der Sahara antreffen könnten. Die Durance hat sie gebildet, als sie noch in das Meer mündete, ehe sie ein Nebenfluß der Rhône wurde. Es blieb nicht aus, daß diese eindrucksvollen Steinfelder die Phantasie der Menschen beschäftigten. Nach einer griechischen Legende ließ Jupiter die Steine vom Himmel regnen, um Herkules, der seinen Vorrat an Pfeilen im Kampf gegen die Ligurer verschossen hatte, zu helfen. Kein Haus, kein Acker ist zu sehen; nur ab und zu tauchen in der Ferne Schafställe auf, die nomadisierenden Herden Unterschlupf bieten. Die Grande Crau erhält einen jährlichen Niederschlag von etwa 600 mm und ist sicher keine Wüste.

Völlig verwischt wird das Bild dort, wo sich Formen, die einst unter der Herrschaft eines Wüstenklimas entstanden, bei einem späteren Klimawechsel erhalten haben. Das Vorhandensein von wüstenhaften Formen hilft uns also nicht zur Definition der Wüste.

Wir glauben, daß der Geomorphologe sich dem klaren Begriff am meisten nähert, wenn er darauf hinweist, daß die geringen Niederschläge in der Wüste nicht ausreichen das Land zu entwässern, daß alles Wasser versickert und verrieselt und daher die *Abflußlosigkeit* das entscheidende Merkmal einer Wüste ist.

Aber auch das bleibt nicht unwidersprochen. Es ist berechnet worden, daß etwa 20 Prozent des gesamten Festlandes der Erde zu den abflußlosen Gebieten gehört und daß nach einer längeren Trockenheit noch große Randgebiete zu ihnen hinzukommen. Sind das alles Wüsten? Da ist die Wolga, die wie ein vielverästelter Baum das weite russische Tafelland bedeckt und im Kaspisee endet.

Das Land ist abflußlos, aber es ist nur in den aralo-kaspischen Niederungen eine Wüste; im übrigen umfaßt das Flußgebiet der Wolga sehr verschiedene, gewiß nicht wüstenhaft ausgestattete Gebiete.

Sofern die Abflußlosigkeit nur als eine Wirkung der *topographischen* Geländegestalt angesehen wird, können wir sie nicht als das Wesentliche der Wüste bezeichnen. Abflußlosigkeit schlechthin ist kein Kennzeichen einer Wüste, sonst würden wir auch von einer Unzahl kleiner und kleinster Wüsten sprechen müssen, etwas, was schon gefühlsmäßig dem, was wir unter „Wüste" verstehen, widerspricht, denn zu ihrem Begriff gehört unzweifelhaft auch die Weiträumigkeit. Jeder Kraterboden müßte als Wüste bezeichnet werden, und auch alle anderen scheinbar abflußlosen Gebiete, die dem System des tiefen unterirdischen Wassers eingeschaltet sind.

Nur wenn wir die Abflußlosigkeit durch ein *Klima* bedingt auffassen, *das zudem einen ganz bestimmten Formenschatz zu entwickeln vermag,* werden wir zu einem dem Wort „Wüste" zugehörigen eindeutigen Begriff kommen. Unter den klimatischen Faktoren ist *einer* in den Vordergrund zu stellen, dem alle anderen Erscheinungen der Wüstengestaltung sich unterordnen lassen. Wir haben eingangs erwähnt, daß wir unter Wüste die Trockenwüste verstehen, und schon der Name sagt, daß es die *Trockenheit* ist, die der Wüste ihren Charakter aufprägt.

Die Menschenleere, die der landläufige Wüstenbegriff betont, konnte uns zu keiner unmißverständlichen Definition verhelfen; ebensowenig der Bewuchs oder die Landformung. Anders die Trockenheit. Zwingend weist in diesem Sinn der Sprachgebrauch darauf hin, die Wüstenbildung nur meteorologischen Gesetzen zuzuschreiben, und das ist es auch, was der Reisende in scharfen Trockengebieten dauernd erfährt. Wer die ewige Schattenlosigkeit, die erbarmungslose Überfülle an Licht, die geradezu verzweifelte Sorgfalt, die man in der Wüste jedem Tropfen Wasser widmet, richtig erlebt hat, wird in dieser Umwelt nichts anderes mehr sehen als die Allgewalt des Klimas. So banal uns diese Feststellung in ihrer Einfachheit erscheint, es setzt sich erst heute langsam durch, die Wüste als einen bestimmten Landschaftstyp aufzufassen, dessen einziger Existenzgrund das Mißverhältnis zwischen der Menge des Wassers, die vom Himmel fällt, und derjenigen, die verdunstet, ist.

Wir können als kennzeichnendes Merkmal der Wüste nur den Umstand bezeichnen, daß die Verdunstung die Niederschläge überwiegt, und müssen die Grenze dort ansetzen, wo sich beide Faktoren die Waage halten. Oft, aber nicht immer, werden sich Abflußlosigkeit, Formenschatz und Lebensfeindlichkeit mit dieser Grenze decken.

Es macht für das Bild der Trockenräume einen wesentlichen Unterschied aus, ob Verdunstung und Niederschläge gleich sind oder ob eines das andere überwiegt. Im Ablauf eines Jahres wird es Monate mit sehr verschiedenen Messungsergebnissen geben. Man hat versucht, der Grenze der Wüste auf Grund des Trockenheitsgrades mit Formeln näher zu kommen. Sie sind zu kompliziert, um hier erörtert zu werden.

Das Areal der Wüste einfach mit einer festgesetzten Niederschlagshöhe zu umreißen, geht nicht an. Es ist schon deshalb unmöglich, da die Trockenheit im Verhältnis zum Regen und zur Wärme steht und ein bestimmter Wert daher unmöglich auf der ganzen Erde Geltung haben kann. Wichtig ist immer die Frage, wie hoch das *Niederschlagsdefizit* ist. In der *Atacama* ist berechnet worden, daß selbst ein Niederschlag von 4000 mm von der Verdunstung aufgezehrt würde, und in jüngster Zeit haben Messungen ergeben, daß im Inneren der *Sahara* die Verdunstungshöhe über 6000 mm pro Jahr beträgt.

Bei Ermittlung des Betrages der Verdunstung haben wir viele Erscheinungen zu berücksichtigen, wie Wind, Wärme, Luftfeuchtigkeit, Bewölkung, Geländeform, Bodenart und anderes mehr, doch können unsere Verdunstungsmesser die Bedingungen in der Natur nur unvollständig erfassen, und so sind die Registrierungen nicht völlig exakt. Auch fehlen in den meisten Wüsten Beobachtungsreihen, die sich über mehrere Jahre erstrecken. Nur solche nützen uns, da die Veränderlichkeit des Klimas in Trockenräumen erheblich größer ist als in feuchten Gebieten.

Diese Veränderlichkeit bewirkt, daß wir nie Grenz*linien* für die Wüste sondern nur Grenz*zonen* erhalten und dazu noch derartige, die sich dauernd verschieben; sie wandern hin und her, im kleinen von Jahr zu Jahr und wahrscheinlich im größeren von Jahrzehnt zu Jahrzehnt. Schon ein einziger kräftiger Regen oder eine außerordentliche Dürre mag nach der einen oder anderen Seite hin einen Ausschlag geben.

Der Schwierigkeiten einer Abgrenzung der Wüste gibt es also genug. Wir würden uns wünschen, daß die ermittelte Grenze scharf und sichtbar innerhalb des Landschaftsbildes gegeben und damit die Möglichkeit vorhanden wäre, sie in der Natur mit Sicherheit aufzufinden und auf der Landkarte zweifelsfrei darzustellen. Es mag ein Nachteil sein, daß jede rein klimatische Grenze niemals unmittelbar wahrnehmbar und nur das Ergebnis zahlreicher und langdauernder Beobachtungen und Durchschnittsberechnungen sein kann. Aber wir müssen uns damit abfinden, denn schließlich ist die Ursache aller noch so verwickelter Einzelerscheinungen in der Wüste, einschließlich der biologischen, doch die Trockenheit, und wir kommen nicht umhin, nur in ihr den Faktor zu sehen, der *alle* Vorgänge des Wüstenbildes beherrscht.

Die Gesetze und die Abgrenzung eines *Trockenklimas* zu erfassen, das heute noch *einwandfrei wüstenhafte Formen aus- und weitergestalten kann* und dies in *weiträumigem* Ausmaß, ist Grundbedingung, um dem Geographen zu einer befriedigenden Definition des Wesens der Wüste und ihrer Grenzen zu verhelfen. Nicht die Durchforschung einer einzelnen Wüste sondern nur eine vergleichende Analyse aller trockenen Gebiete der Erde wird zu diesem Ziel führen.

II. Die Entstehung der Wüsten

So schwierig es ist, Wesen und Grenzen der Wüste zu bestimmen, über die Entstehung der Wüsten sind sich die Geographen im allgemeinen einig. Die Entstehung der Trockenräume ist physikalischen Vorgängen in der Atmosphäre der Erde zuzuschreiben. Die wichtigste Rolle spielen die Strömungen in der Lufthülle in ihren erdnahen Schichten, wobei bestimmte Gebiete ohne Feuchtigkeit bleiben. Man schätzt, daß fast ein Viertel der nicht vom Wasser bedeckten Erdoberfläche weniger als 250 mm jährlichen Niederschlag empfängt.

Wie sind diese regenarmen Räume auf der Erdkugel verteilt und welchen Umständen verdanken sie ihre Entstehung?

Ein Blick auf die Landkarte lehrt, daß ein trockener Gürtel sowohl auf der nördlichen als auch auf der südlichen Halbkugel annähernd im Bereich der Wendekreise diagonal quer über die Erdteile zieht. Auf der nördlichen Halbkugel hält er südwest-nordöstliche Richtung und auf der südlichen nordwest-südöstliche Richtung ein. In Nordamerika reicht der Trockengürtel bis über 40⁰ nach Norden; in Westsibirien sogar bis 50⁰, und in Patagonien ebensoweit nach Süden. In niederen Breiten stößt er im Westen der Kontinente bis an das Meer vor.

In der *Alten Welt* streicht die Hauptachse des nördlichen Trokkengürtels von Nordafrika nach Zentralasien und reicht im nördlichen China und in der Mandschurei bis nicht weit vom Pazifischen Ozean. In *Nordamerika* beginnt das regenarme Gebiet in Nieder-Californien und verlagert sich weiter nördlich an die Ostseite des Felsengebirges, bleibt aber dem Osten des Erdteiles fern.

In *Südamerika* hebt der Trockengürtel schon in Peru an und greift über das Hochland an die Ostseite der Anden, um in der argentinischen Pampa wieder an das Meer zu stoßen. Die Trockenzone ist hier lang von Norden nach Süden streichend, aber nur etwa 500 Kilometer breit gegen einige tausend Kilometer Breite zwischen Balutschistan und Westsibirien. In *Südafrika* beginnt der Trockengürtel ebenfalls als schmaler Streifen in Angola, verbreitet sich aber gegen Süden so, daß er den Raum der Landschaft Karru erreicht. In *Australien* gehört ihm außer dem Westen auch noch der größte Teil des Inneren an. Das Vordringen in höhere Breiten verhindert hier wie in Afrika das Ende des Festlandes.

Innerhalb der beschriebenen regenarmen Zonen liegen alle Wüsten der Erde. Dem Nordgürtel gehören die *Sahara* samt *Arabien*, das Innere von *Iran, Turan,* die sich über das *Tarimbecken* und die *Dsungarei* bis in die *Mongolei* ausbreitenden Wüsten Hochasiens und die wüstenhaften Regionen des trockenen Westens von Nordamerika, vor allem *Mohave-, Colorado-* und *Gila-Wüste,* an. Der Südgürtel der Neuen Welt umfaßt die *Atacama,* der der Alten Welt die *Namib* und in Australien die *Große Sand-, Gibson-, Victoria-* und *Aranta-Wüste.*

Unter diesen Wüsten gibt es heiße, wie die *Sahara* oder die Wüsten *Arabiens,* aber auch solche, die eisigen Stürmen des Winters ausgesetzt sind, wie die *Takla Makan* oder die *Gobi.* Letztere liegen in höheren Breiten, doch haben wir in diesen schon deshalb seltener Wüsten zu erwarten, da hier der Sättigungspunkt der Luft im allgemeinen tief liegt. Es können daher Niederschläge schon durch geringe Temperaturwechsel verursacht werden, und so bilden sich dort im allgemeinen keine Wüsten. Sie sind an wärmere Gegenden gebunden, und wir treffen sie nur in Regionen, die sich wenigstens während *einer* Jahreszeit bedeutend zu erhitzen vermögen.

Es ist verständlich, daß bei einer so weiten Verbreitung der regenarmen Gebiete auf der Erde innerhalb ihres Bereiches verschiedene Klimatypen zu unterscheiden sind. Sie führen auch zu sehr verschiedener Ausstattung des Landschaftsbildes.

So ermöglichen in Trockenräumen mit Frösten und Schneestürmen die niedrigeren Temperaturen im Frühjahr eine kurze Vegetationszeit für Trockenpflanzen, während in heißen Wüsten sich das Pflanzenkleid nur dort besser entfalten kann, wo Grundwasser erreichbar ist. Auch die Einwirkung der einzelnen Klimate auf den Menschen ist sehr verschieden. Während in den meisten Wüsten die Hitze wegen der trockenen Luft und der nächtlichen Abkühlung verhältnismäßig leicht zu ertragen ist, ist sie in den Küstenwüsten am Roten Meer und am Persischen Golf infolge der starken Verdunstung über benachbarten Wasserflächen überaus aufreibend. Aber trotz der sehr verschiedenen Grundbedingungen ist der klimatische Charakter aller hier in Frage stehenden Gebiete, soweit die Niederschlagsarmut betroffen ist, einheitlich. Die einzelnen Wüsten weichen nicht oder nur wenig in dem Grad der Trockenheit sondern vor allem in dem der Wärmemengen voneinander ab.

Obwohl dünn gesät, liefern meteorologische Beobachtungsstellen im Bereich einiger Trockenländer wertvolles Material. In unserer Zeit, da das Flugzeug fast jeden Teil der Erde beherrschen kann, wird besonders das Studium des Luftraumes über den Wüsten vorangetrieben. So können wir uns, wenigstens in allgemeinen Zügen, für jeden größeren Wüstenraum eine Vorstellung davon machen, welche klimatische Faktoren die Ursache der Trockenheit sind.

Die Auswirkung der Luftdruckverhältnisse und der Winde ist sehr verschieden in Wüsten in niedrigeren und solchen in höheren Breiten. Die Verhältnisse sind auch andere in Wüsten, die näher oder ferner den Weltmeeren liegen. Aber doch sind bestimmte erdweite Erscheinungen des Klimas für die Entstehung der einzelnen Trockenräume verantwortlich. Zwei Klimagebiete, das des Passat- und des extremen Binnenklimas, sind es vorzugsweise, unter denen sich die Wüsten der Erde bildeten und noch heute fortentwickeln.

Am ausgedehntesten sind die *Passatwüsten*. Man könnte sie die reinen Klimawüsten nennen, da die Formung der Erdoberfläche in ihnen eine weniger wichtige Rolle spielte. Es sind die austrocknenden und sich erwärmenden, sehr beständigen Passate, die vom Hochdruckgebiet der Roßbreiten unter etwa 30—35⁰ Breite auf der nördlichen Halbkugel von Nordosten und auf der südlichen von Südosten äquatorwärts wehen und die Austrocknung bewirken. Auf dem Festland beschränkt sich das Passatklima zumeist auf die Westseite der Kontinente. Aber Passatwinde wehen auch über *Iran* und *Mesopotamien*, und auch in Nordafrika dringt das Passatklima parallel dem Mittelmeer tief ein und beherrscht in ununterbrochenem Zug fast die ganze *Sahara*. In Nordamerika wird das Passatklima durch die Mauer der Kordilleren auf ein schmales Gebiet um den unteren *Coloradofluß* und *Nieder-Californien*, in Südamerika auf die *peruanisch-chilenische Küste* beschränkt. Ihr entspricht in Südafrika die *Namib* und in *Australien* der *nordwestliche* Teil des großen Wüstengebietes.

Das *extreme Binnenklima* kommt in allen den Gebieten zur Entwicklung, die vom Feuchtigkeit spendenden Meer entweder sehr weit entfernt oder durch hohe Gebirgsmauern getrennt sind. Hierher gehören die Wüsten des *Aralo-kaspischen-* und des *Tarimbeckens* sowie Teile der *Gobi*. Auch die nordamerikanischen Wüsten *östlich* der *Kordilleren* und das *Innere* von *Australien* sind hierher zu zählen. Man könnte sie auch Regenschatten- oder Reliefwüsten nennen. Immer stellt sich ein Gebirge dem Feuchtigkeit bringenden Wind entgegen, fängt den Regen ab, und der trocken gewordene Wind erzeugt hinter dem Gebirge ein Wüstengebiet. Darum sind im Regime östlicher Winde die Westseiten der Kontinente trockener. In Zentralasien sind die rings von sehr hoch aufragenden Gebirgen umschlossenen Räume Wüsten, aber auch weniger mächtige Aufwölbungen können mit Feuchtigkeit beladene Winde auf der Außenseite der Bergmauern zum Abregnen zwingen und Trockenräume erzeugen wie beispielsweise in der Kalahari. Trotz heißer Sommer haben die Reliefwüsten im Inneren der Kontinente im allgemeinen um so kältere Winterklimate, in je höherer Breite sie liegen.

Küstenwüsten können auch noch durch eigene Verhältnisse charakterisiert sein, wenn kaltes Auftriebwasser verhindert, daß Niederschläge fallen. Über dem kühlen Meer bildet sich nur wenig Wasserdampf, und wenn die ins Land gezogenen Winde in stärker erwärmte Regionen wehen, nimmt ihre Fähigkeit, Feuchtigkeit zu speichern, zu statt ab. Als Beispiel, wie regenarm solche Gebiete sein können, führen wir die *Namib* und die *Atacama* an[1]. Beide Wüsten stehen einander als Typen nahe, die bei extremer Trockenheit relativ geringfügige Temperaturschwankungen und verhältnismäßig kühle Sommer haben.

Es kommt uns heute selbstverständlich vor, daß die Ursachen für die klimatischen Erscheinungen eines Trockenraumes in den allgemeinen Gesetzen der Luftzirkulation liegen und daß die Wüste eine Funktion einer bestimmten Lage auf der Erde ist. Es liegt uns fern zu glauben, daß die geologische Vergangenheit einer Wüste eine Erklärung für ihre Trockenheit gibt. Und doch ist diese Erkenntnis noch nicht so lange Gemeingut der Geographen.

Wir wollen kurz die seltsamen Wege beleuchten, die unsere alten Naturforscher bei Betrachtung der Entstehung der Wüsten gingen.

Seit dem Altertum bis vor etwa zwei Generationen war es eine ausgemachte Sache, daß alle Wüsten ehemalige Wasserbecken gewesen sind, deren Austrocknung erst in jüngster erdgeschichtlicher Zeit erfolgte. Überall sah man in den Trockenräumen Beweise für diese Auffassung. Erinnerten nicht die weiten flachen Becken oder die unabsehbaren, oft wellenförmig bewegten Ebenen, die es in fast allen Wüsten gibt, an das Meer? Dann war da der reiche Salzgehalt der Wüstenböden; auch Salzseen gab es, und wo man auf Gebirge in der Wüste stieß, waren die Funde von Muschelresten nicht selten. Daß es Brackwasserformen von be-

---

[1] Die meteorologische Station in der *Walfisch-Bai* registrierte in einem Jahr einen Niederschlag von 7 mm, die von *Copiapo* von 8 mm. Es gibt Stationen in der *Atacama*, die — wie wir noch sehen werden — viele Jahre hindurch überhaupt keinen Niederschlag melden.

schränkter Verbreitung oder Fossile aus sehr alten Formationen waren, wußte man nicht. Die Beweise schienen erdrückend.

Fanatiker der Technik, zum Teil heute noch angeregt von der alten Überzeugung von der einstigen Wasserbedeckung der Wüsten und begeistert von dem Gedanken, den alten Zustand wieder herzustellen und die Einöde erneut unter Wasser zu setzen, haben oft sehr phantastische Pläne ausgearbeitet. Von einigen von ihnen wird noch die Rede sein. Aber auch ernste und bewährte Forscher zogen aus, um Beweise für die ehemalige Wasserbedeckung der Wüsten zu sammeln. Man glaubte sie auch gefunden zu haben und schrieb beispielsweise von dem großen Saharameer, das während der ganzen europäischen Eiszeit Nordafrika bedeckt hatte.

Dann erkannte man, daß die Wüsten der Erde an ein bestimmtes Klima gebunden sind, doch faßte man dieses als Folge der seinerzeitigen Wasserbedeckung auf. Meeresfluten hatten das Land verwüstet und den Pflanzenwuchs vernichtet. Als Folge der Kahlheit des Bodens entsprangen Hitze und Trockenheit der Wüste, eine Vorstellung, die um so näher lag, als man den Einfluß der Vegetation auf das Klima früher allgemein überschätzte.

Selbst HUMBOLDT hat sich von dieser Ansicht nicht frei gemacht, und es mutet uns seltsam an, in seinen „Ansichten der Natur" davon zu lesen, wie nicht die heißen Winde es waren, die die dürren Wüstenebenen schufen, sondern eine Naturrevolution, der einbrechende Ozean es war, der das Land seiner Dammerde beraubte. In der Sahara mochte dieses Ereignis mit dem großen Wirbel des Atlantischen Meeres zusammenhängen, durch den die Gewässer von Mexiko über Neufundland nach Europa getrieben werden und von dem — wie HUMBOLDT richtig erkannt hatte — ein Arm von den Azoren gegen Südosten gerichtet ist und mit Ungestüm an die westliche Küste von Nordafrika schlägt.

Erst um die Jahrhundertwende rang sich die Erkenntnis durch, daß eine einstige Wasserbedeckung nur auf bestimmte Abschnitte der Wüsten zutrifft, daß auch die schärfsten Trockenländer Teile der Erdoberfläche sind wie jeder andere, daß sich am Aufbau der Wüstenböden die allerverschiedensten geologischen Formationen und Gesteinsarten beteiligen und die Wüsten sich hierin keineswegs von anderen Erdräumen unterscheiden.

III. Kräfte und Formen in der Wüste

Wer Gelegenheit hat, die großartigen Bauwerke der Pharaonen in Ägypten zu bewundern, bemerkt bei genauerer Betrachtung mit Staunen seltsame Veränderungen am Gestein der alten Denkmäler. Schon ein kurzer Ausflug von Kairo zu den Pyramiden bietet manches Sonderbare.

An der Chefrenpyramide sind gewaltige Quadern, aus denen dieser Riesenbau vor 4000 Jahren gefügt wurde, ausgehöhlt wie hohle Zähne, und mancher Block besteht nur mehr aus Rinde. Abenteuerlich zerfressen sind aus dem Fels gemeißelte Mauern der Tempelanlagen und Gräberfelder in der Nähe. Am Gipfel der Menkewrepyramide sieht man den weißen Kalkstein mit derselben braunen Rinde überzogen wie die Kiesel, die rundum den Wüstenboden bedecken.

In Oberägypten bei Luxor, wo die Bautätigkeit der ägyptischen Könige die größten Triumphe feierte, ist es nicht anders. Auf Schritt und Tritt stößt der Tourist auf Erscheinungen, die offenkundig nur mit dem trockenen Klima in Zusammenhang stehen können. Statuen in der Tempelanlage von Karnak zeigen regellose tiefe Löcher und zum Teil auch braune Schutzrinden. Die Kolossalfigur des Rhamses ist durch Kern- und Schalensprünge jämmerlich gespalten, sollte sie nicht inzwischen restauriert worden sein. Wo man hinschaut, tiefe Sprünge. Bei einem der Memnonkolosse wird dem Reisenden von dem seltsamen zarten Klingen erzählt, das etwa zweihundert Jahre lang seit kurz vor Christi Geburt der Morgenwind erzeugte, wenn er durch eine der Spalten strich, die in der Figur von Amenophis III. entstanden war, und daß das Klingen aufhörte, als die Gestalt ausgebessert wurde.

Wandert unser Tourist aus dem Niltal gegen die offene Wüste zu, so wird er auch dann, wenn er kein besonderes Interesse für Geographie hat, gewahr, daß die Formen in dem kleinen Trockental, in dem er aufwärts schreitet, andere sind als in den Ländern, aus denen er kommt. Die Schotter am Boden des Tales sind versintert; die Felsen der Hänge sind mit bienenwabenförmigen Taschen bedeckt; manche Kalksteinbänke schuppen sonderbar ab, ragen wie Baldachine vor und bilden Hohlkehlen, in denen sich ein Mann verbergen könnte. Ganz plötzlich endet das Tal wie ein

Amphitheater, und klettert unser Ausflügler den Steilhang empor, dann umfängt ihn bis zum Blickkreis eine mit Eisenschwülen, Jaspis und Quarzbrocken bedeckte leere Ebene.

Jeder merkt, daß er hier am Saum der Wüste auch am Saum einer anderen Welt steht, einer ganz und gar anorganischen Welt, die aus dem Kreislauf des Lebens ausgeschieden ist. Um dieses Land zu bilden, mußten andere Kräfte als in feuchten Zonen am Werk gewesen sein, zumindest war ihr Wechselspiel ein anderes.

Als man daran ging, den Formenschatz der Erdoberfläche in verschiedenen Klimaregionen zu erforschen, erwies es sich, daß die gleichen Erscheinungen, die unserem Touristen in Ägypten aufgefallen waren, auch in anderen Wüsten immer wiederkehren. Es war bemerkenswert, daß ein reicher, oft bis ins kleinste sich ähnelnder Formenschatz in allen Wüsten der Erde, ob sie in der Alten oder Neuen Welt, auf der nördlichen oder südlichen Halbkugel lagen, wohl in verschiedenen Ausbildungen aber doch immer aufs Neue in Erscheinung tritt. Da waren Gesetzmäßigkeiten zu ergründen, und die wissenschaftliche Wüstenforschung setzte ein. Man untersuchte die an den Vorgängen in der Wüste beteiligten Kräfte, und das „*Gesetz der Wüstenbildung*" entstand.

Aber wie in den meisten anderen Wissenszweigen war es auch auf unserem Gebiet. Zwei Generationen Wüstenforschung lehrten, daß manches viel verwickelter ist als man ursprünglich annahm. Scheinbar einleuchtende Erklärungen mußten angezweifelt werden, und über die Entstehung vieler und gerade charakteristischer Erscheinungsformen in der Wüste sind wir uns heute durchaus nicht im klaren.

Die Wüste ist ein ausgesprochen kompliziertes Gebilde, und die Vorgänge und Formen in ihr treten in so bunter Weise zusammen, daß sie meist nicht auf eine einzelne Kräftegruppe zurückgeführt werden können. Während in den feuchten Gebieten das fließende Wasser den Formenschatz so gut wie ganz bestimmt, findet man in der Wüste eine wechselvolle Vergesellschaftung der Formen. Es treten nebeneinander Oberflächen auf, die teils durch das fließende Wasser, teils durch Windwirkung, teils durch das Vorhandensein vergänglicher Ansammlungen stehenden Wassers hervorgerufen werden. Die Entstehung der Kleinformen ist nicht weniger verwickelt. Wie ein Mosaik schließen sich ungleich entstandene Formengruppen zusammen (Abb. 1 u. 2).

Wie immer Boden- und Reliefverhältnisse einer Wüste gestaltet sind, in welcher Breite sie auch liegt, ob über oder unter dem Niveau des Meeres[1], eines ist allen Wüsten gemeinsam: Immer sind

Abb. 1. *Zentrale Sahara*. Wüstengebirge mit von Spülrinnen durchsetzter Sandschwemmebene der Fußregion. Vom Wind bearbeitete Seghir im Vordergrund. (Phot. TAIRRAZ)

es Trockenschutträume. Alles, was zerfällt, muß innerhalb der Wüste zur Ablagerung kommen, und wie ein Meer wird das Land zum Sammelbecken alles dessen, was an mechanisch Zerkleinertem oder an chemisch Gelöstem vorhanden ist. Da in der Wüste die Niederschläge nicht ausreichen, um die Macht der Verdunstung zu überwinden, kann kein Fluß ihre Grenzen überschreiten, es sei denn als Fremdling, der die Wüste in stolzer Einsamkeit ohne

---

[1] Man wird von Laien selten eine richtige Antwort auf die Frage erhalten, warum alle echten Depressionen, wo die trockene Erdkruste unter den Meeresspiegel reicht, in Wüstengebieten liegen *müssen*. Und doch ist es selbstverständlich, daß in einem dränierten Klima alle tiefer als die Meeresoberfläche liegenden Senken voll Wasser laufen müssen, und daß nur dort, wo die Verdunstung die Niederschläge überwiegt, die untere Grenze der Atmosphäre unter das Niveau des Weltmeeres sinken kann.

16

Nebenflüsse durchströmt. Höchstens windgetragen wird trockener Staub den Bannkreis des Landes verlassen.

Was an einer Stelle fortgenommen wird, kommt an einer anderen innerhalb der Wüste zur Ablagerung, und beides, Abtragung

Abb. 2. *Sahara*. Hoch auf die kahlen Wüstenberge hinaufreichende gewaltige Schwemmfächer. Sandschwemmebenen, die trotz der Trockenheit durch die Tätigkeit des fließenden Wassers geprägt sind. (Phot. Tairraz)

und Ablagerung, verläuft unvergleichlich lebhafter als bei uns. Nirgends nagen die zerstörenden Gewalten an der Erdoberfläche so sehr wie in der Wüste, nirgends statten sie sie so sehr mit typischen Formen aus.

Wir finden Groß- und Kleinformen in der Wüste, wie wir sie noch nie gesehen haben. Schon eine kurze Wüstenreise kann in großer Vielfältigkeit Erstaunliches zeigen.

Hier sieht man ganze Höhenzüge in Trümmerstätten verwandelt und nur den anstehenden Kern der Gipfel aus einem Mantel vom eigenen Abfall stecken; dort streben Berge empor, die an Kühnheit der Formen mit den Dolomiten Südtirols wetteifern; dann wieder stehen Höhen aufgelöst zu Inselbergschwärmen auf blanken Ebenen, auf denen ein Bodensatz von besonders harten Gesteinsscherben gleichmäßig über die Unendlichkeit ausgestreut ist. Und wie seltsam sehen die Steine aus! Ob groß oder klein, sie sind oft zu den krausesten Formen zerschnitten; vielfach gleichen sie künstlichen Schlacken; bisweilen sind die Brocken, die die Wüste fein säuberlich pflastern, ganz frei geblasen, dann wieder wie in einem erstarrten Salzbrei verbacken. Es ist überhaupt alles mehr oder weniger versalzt. Harte Hüllen aus Stein und Salzen schützen die Oberfläche, und nur Gesteine und keine Pflanzen bringen Farbe in die Landschaft.

Die Verwitterung. Rinden, Krusten und Verkieselungen

Letzten Endes sind sämtliche formengestaltenden Kräfte in der Wüste auf die Schreckensherrschaft der Sonne zurückzuführen, und der wirksamste klimatische Faktor ist die Ein- und Ausstrahlung, denen das nackte, durch keine Pflanzendecke geschützte Gestein bei einem fast stets wolkenlosen Himmel Tag für Tag ausgesetzt ist. Darum werden auch nirgends auf der Erde solche Mengen Abfall in allen Größen geschaffen wie in der Wüste.

Aber es werden nicht wie im feuchten Klima die Gesteine hauptsächlich chemisch durch Lösungen sondern vorwiegend *mechanisch* durch Lockerung des Gefüges zerstört und damit wird eckiger Schutt erzeugt.

Die wichtigste Kraft, die dies zuwege bringt, sind die riesigen Temperaturschwankungen an der Oberfläche. Es ist die Schwankungsbreite der Bodentemperatur noch erheblich höher als die der Lufttemperatur, und wie arg diese schon ist, erfährt jeder, der auch nur eine einzige Nacht in der Wüste zugebracht hat. An der Bodenoberfläche sind Minusgrade ebensowenig selten wie Maxima von 70^0 und wahrscheinlich mehr. In der *Nafud* haben Reisende im Winter Schnee angetroffen, aber selbst in dieser Jahreszeit ist die Besonnung so stark, daß der Sand ohne Schuhwerk kaum betreten

18

werden kann. Diese starke Erwärmung und Abkühlung bewirkt
„Ermüdungserscheinungen" des Gesteines; sein Mineralverband
lockert sich, und es entstehen Gefügerisse. Eine Folge davon ist
die Abschuppung und Abschalung, eine Verwitterungsart, die
auch zu Wackelsteinen führt und von großer Wirksamkeit in der

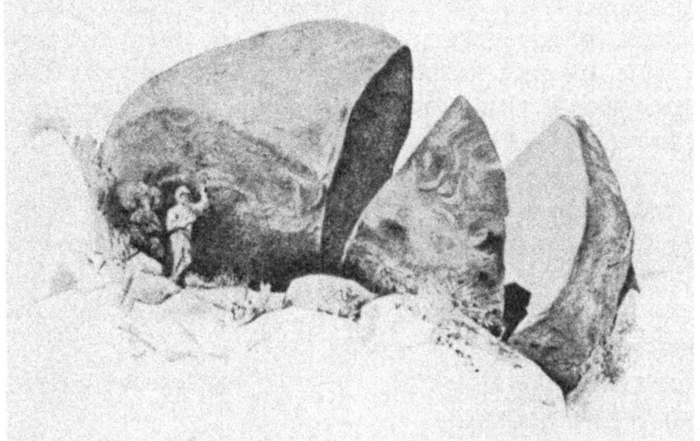

Abb. 3. Nordamerikanische Trockenräume. Granitblock in der *Sierra de los
Dolores* durch Kernsprünge zerlegt. (Nach einer Photographie von v. D. BORNE)

Wüste ist, freilich weniger eingreifend überall auf der Erde vorkommt.

Wie ist es aber mit dem Zerspringen ganzer Gesteinsblöcke in
der Wüste? Jeder Wüstenreisende kennt diese Erscheinung. Sie
geht mit einem lauten Knall einher, und die Stille der Wüste wird
dann wie durch einen Flintenschuß durchbrochen. Kleinere Ge-
steinsbrocken sind oft so seltsam zerlegt und die einzelnen Teile
noch so wenig aus ihrer Lage verrückt, daß sie sich wie Kinder-
spielzeuge mit einiger Geduld wieder zusammensetzen lassen.

Es gibt aber auch meterlange Kernsprünge großer Blöcke. Handelt es sich hier auch um eine „Temperaturverwitterung", wie
man dachte, hervorgerufen durch seltene kalte Regengüsse? (Abb. 3).

Es ist klar, daß die Temperaturschwankungen vor allem an der
Oberfläche des Gesteins wirksam werden. Sie nehmen nach der
Tiefe rasch ab und sind etwa bis zu einem halben Meter im Inneren
des Gesteines nachweisbar. Mit Recht wurde daher für die Entstehung größerer Kernsprünge eine andere Ursache und zwar die

Salzsprengung herangezogen. Der Vorgang der Quellung und Schrumpfung der Mineralien bei Eindringen von Feuchtigkeit in die feinsten Fugen des Gesteines bereitet vermutlich den Vorgang vor, der durch das Auskristallisieren von Salzen ausgelöst wird.

Die Frage nach der Rolle der Salzsprengung bei der Zerstörung des Gesteines führt von der physikalischen zur chemischen Verwitterung, die mit zunehmender Trockenheit immer mehr zurücktritt. Aber daß auch sie selbst in strengen Wüsten nicht fehlt und daß auch dort die zu ihrer Einleitung nötigen Feuchtigkeitsmengen vorhanden sind, ist sicher.

Durch die *chemische Verwitterung*, die das Gestein so zermürbt, daß man große Blöcke bisweilen mit einem einzigen Hammerschlag zerschmettern kann, sind in der Wüste die bizarren Formen entstanden, die uns immer wieder entgegentreten, von den kleinen Waben und Bröckellöchern bis zu Hohlblöcken, Steingittern, Säulengängen, Girlanden, großen Pilzen und Tischfelsen. Auch die merkwürdigen Hohlkehlen gehören hierher, die oft weithin Gesteinsbänke begleiten.

Am seltsamsten werden die Auswirkungen der chemischen Verwitterung dort, wo sie sich im Verborgenen tief im Inneren hinter einer harten Rinde abspielen, die den Kern des Gesteines schützt oder wenigstens den Vorgang der Zerstörung verbirgt. Einen schon ganz zersetzten Block hält dann oft noch ein fester Mantel zusammen.

Diese *Rinden* entstehen aus Lösungen, die bei der Verdunstung kapillar aufsteigen und sich an der Oberfläche niederschlagen. Sie sind braun oder schwarz, seltener gelblich oder rötlich, und bestehen aus Eisen- oder Mangansalzen, bisweilen auch aus Kieselsäure. Meist sind die Rinden um so dunkler je älter sie sind. Ganze Bergzüge können wie verbrannt oder verrostet erscheinen. Reisende, die in dunklem Gestein mit Vorliebe „Basalt" sehen, sprechen stets wieder von „Basaltwüsten", durch die sie gekommen sind, und gerade Basalt überzieht sich kaum je mit einer Rinde.

Am meisten Neigung zur Rindenbildung zeigen Sandsteine. Der Nubische Sandstein kann Rinden bis zu mehreren Zentimetern Dicke haben und glänzt oft wie Kohle. Auf diese Rinden paßt dann die oft gebrauchte Bezeichnung „Wüstenlack", denn bisweilen sind sie von Staub und Sand poliert. Man findet die Rinden am anstehenden Fels ebenso wie an kleinen Rollsteinen, aber stets nur an der Oberfläche. An der Unterseite haben die Lösungen nicht zur Rindenbildung geführt; sie haben aber das Gestein oft angeätzt und mit einem zierlichen Netzwerk feiner Rillen versehen (Abb. 8).

Auch noch bei anderen Prozessen kann der gleiche Vorgang, der eine Zerspaltung und Zerstörung des Gesteines zuweg bringt, zu einer Verfestigung führen. Auf den Ausscheidungen salzhaltiger, nach oben wandernder Lösungen beruht nämlich auch die Verkittung des Gesteinschuttes. Dieser ist dann durch eine ganz dünne *Kruste*, die mit dem Finger unschwer zu durchstoßen, aber ein guter Schutz vor oberflächlicher Abtragung ist, zusammengebacken. Ähnlich dieser Salzverkittungskruste ist auch die Staubhaut, die eine oberflächliche Verhärtung des darunter völlig lockeren Staubes darstellt, eine Erscheinung, über deren Entstehung noch keine ausreichende Klarheit herrscht.

Wo in Trockenräumen Niederschläge tiefer in den Boden eindringen und besonders kalkhaltige Lösungen dank der starken Verdunstung wieder aufsteigen, kommt es zu mächtigen Krusten. Auch um ihre Entstehungsbedingungen gibt es viel Ungeklärtes, aber sicher ist, daß wir diese Bildungen nicht in das Reich der echten Wüsten verweisen dürfen.

Eine andere Erscheinung jedoch, die auch auf dem Ausfällen aus Lösungen beruht, diesmal aus solchen, die aus der chemischen Verwitterung der Feldspäte hervorgehen, ist gewiß in bestimmten Fällen an die Wüste gebunden, nämlich die *Verkieselungen*. Freilich ist auch über diesen Vorgang noch wenig Allgemeingültiges bekannt, und wir wissen nicht, welche Bedingungen eine Kieselsäureanreicherung begünstigen. Oft findet man Hohlräume, Spalten und Klüfte in der Wüste ganz mit Kieselsäure ausgefüllt, und bisweilen ist auch das Gestein selbst durch und durch mit harter Kieselsäure durchsetzt.

Mit der Verkieselung kann auch eine Eisenausscheidung gepaart sein, und so kommt es, daß oft auf weite Strecken in der Wüste die Oberfläche wie mit einem düsteren Schuppenpanzer aus den seltsamsten Konkretionen bedeckt ist. Die ausgewitterten Hornsteine und Eisenschwülen können die Formen von Ringen, Näpfchen oder Schalen haben, und dann sehen sie wie von Menschenhand bearbeitet aus. Es ist eine unerschöpfliche Auswahl an Kuriositäten, die alle in ein Museum gehören und mühelos allenthalben aufzulesen sind (Abb. 8).

Das Wasser

Die Bildung von Rinden, Krusten und Verkieselungen beruht darauf, daß die Sonnenstrahlung Lösungen hochzieht und die gelösten Stoffe zum Absatz bringt. Es ist der gleiche Vorgang, der ganz allgemein die Wüste in den obersten Boden- wie Felsschichten mehr oder weniger versalzt. Dieses Salz ist, wie SCHWEINFURTH sich ausdrückte, die „Seele der Wüste". Kein Regen kann es außer Landes schwemmen, und so einschneidend auch die Wirkung von spülendem und rinnendem Wasser auf den Formenschatz der Wüste sein mag, die stärksten Niederschläge vermögen nicht zu verhindern, daß das Salz in irgend einer Form in der Wüste bleibt.

Dabei wird dem Wasser in letzter Zeit eine immer größere Rolle in der Wüste eingeräumt. Das Luftbild hat gezeigt, wie viel selbst in sehr scharfer Wüste auf die Wirkung der Niederschläge zurückgeht. Es hat bisher kaum Beachtung gefunden, daß es für die Formung der Oberfläche sicherlich nicht so sehr auf die *Regenmenge* ankommt, die fällt, sondern daß vor allem die *Wucht* des Niederstürzens die auffallend große Wirkung im Antlitz der Landschaft zuwege bringt.

Es ist verständlich, daß die ohne den Schutz eines Pflanzenkleides und meist ohne Decke eines wasserschluckenden Verwitterungsbodens dem Himmel ausgesetzte Gesteinsoberfläche den Platzregen in der Wüste und damit dem rinnenden Wasser ungleich größere Wirkungsmöglichkeiten bietet als in irgend einem anderen Klima. Daß die vom Wasser geschaffenen Groß- und Kleinformen in der Wüste sehr verschieden von den in unseren Ländern sind, ist deutlich.

Es gibt keinen Punkt auf der Erde, wo es nicht doch einmal regnet, obwohl manchmal Jahre und Jahrzehnte auf dieses Ereignis gewartet werden muß. Kommt der Regen dann in eine solche Wüste, dann fällt er meist anders als in gemäßigten Klimaten. Wolkenbrüche liefern derartige Wassermassen, daß das Land in *Schichten* überschwemmt wird und das flächenhaft abströmende

Wasser allen Abfall vor sich her treibt. Lagert ein Reisender während eines solchen Ereignisses im offenen Land, dann kann er gar nicht rasch genug Vorsichtsmaßregeln treffen, und manche Wüstenkenner haben gemeint, daß in der Wüste mehr Menschen ertrunken als im Sand getötet worden sind.

Im Gebirge verfrachtet ein heftiger Guß die Lockermassen auf die Talsohle. Unsortierte murähnliche Schuttmassen aus allen Größen, riesige Blöcke bis zu Gesteinsstücken von Haselnußgröße, dazwischen Sand, Kies und Ton bewegen sich als Schlamm- und Schuttströme und reichen so weit, wie die Wasserkraft sie verfrachtet. Dann versickert oder verdunstet das Naß. Die katastrophenartig abkommenden Flüsse gehorchen bei ihrem Ungestüm kaum Gesetzen, sondern sind Zufälligkeiten ausgesetzt. Jeder Wolkenbruch hat ein anderes Einzugs- und ein anderes Ablagerungsgebiet.

Die Entstehung der Trockentäler der Wüste geht aber trotz aller Niederschläge, die die Gebiete heute empfangen mögen, auf regenreichere Zeit zurück. Jetzt sind die Wadis[1] in Verfall geraten, und oft kennt man nur mehr an ihrem mäanderförmigen Verlauf und den sich regelmäßig ablösenden Prall- und Gleithängen ihren Talcharakter. Die Wadisohle zeigt vielfach keinen gleichsinnigen Verlauf mehr; sie ist durch Schwemmschutt verbaut und in Wannen aufgelöst. Die oberen Talschlüsse fallen oft jäh ab und sind zu Amphitheatern ausgestaltet. Im Tafelland sind die Wadis bisweilen so steilwandig eingeschnitten, daß es in ihrem Grund oft dämmert, während oben in der freien Wüste die Sonne glüht (Abb. 4 u. 5). In weichem Gestein sehen wir oft flache Hänge und breite beckenartige Talweitungen. Man erkennt Vorzeitformen meist schon dadurch, daß sie von dunklem Schutt bedeckt sind, während die hellen Wände und die weniger gebräunten Schuttmassen Zeugen der Abtragung unter den heutigen Bedingungen sind.

Die Abtragungsformen des Wassers hängen weitgehend von der Bodenbildung ab. Wenn die Bodendecke verloren geht, entstehen Steilflanken, an denen das Gestein zutage tritt. Es ist die Schutzlosigkeit der Bodenoberfläche, die für die sogenannten „Badlands", die vielgliedrige Zerschluchtung, verantwortlich ist.

---

[1] Trockentäler.

Wo es aber zu einer einigermaßen tiefgründigen Bodenbildung
gekommen ist, sind die Abtragungsformen milder, und es gibt
keine Rachelbildung, zumindest so lange nicht, als etwas Vege-

Abb. 4. Nordamerikanische Trockenräume. *Coloradoplateau*. Cañonlandschaft
(Phot. J. A. Krug)

tation die Erdoberfläche schützt. Oberflächliche Verwundungen
schließen sich dann immer wieder nach weiteren Durchfeuch-
tungen. So entstehen die vielen sanften Böschungen in der Wüste

und die langen und zusammenhängend dahinziehenden Gehänge-
fluchten der großen Täler und Becken.

In lockeren und zugleich grobkörnigen Böden sickert das Wasser
rasch ab und kann als *Grundwasser* in wechselnder Tiefe verhältnismäßig lange erhalten bleiben. Aus feinkörnigen Aufschüttungen

Abb. 5. *Sahara*. In Pfeiler und Säulen aufgelöstes Tafelland im Raum von *Tamrit*.
(Phot. Tairraz)

und porösen Gesteinen steigt das Niederschlagswasser vermöge
der Kapillarwirkung und der Verdunstung wie durch einen
Docht bald wieder nach oben. Sehr feinkörnige Sande geben das
nach einem starken Regen eingedrungene Wasser ebenso schwer
durch kapillaren Aufstieg ab, wie sie es nach unten in den Untergrund versickern lassen. So halten sie oft eine Wasserschichte

schwebend fest, was von großer Bedeutung für die Entwicklung einer Pflanzenwelt und das Leben des Menschen der Wüste ist. Sande können herrliche Weidegebiete sein. Aber es ist eine der enttäuschendsten Erfahrungen auf schweren Wüstenreisen, wenn man in Sanden die Versuche, nach Wasser zu graben, einstellen

Abb. 6. Dünen in der *Südlichen Lut*. In den tieferen Partien leicht festgelegt durch Pflanzenwuchs. Die Höhen bestehen aus kahlem lockerem Treibsand. (Phot. GABRIEL)

muß, weil unter der gefundenen feuchten eine völlig trockene Zone folgt (Abb. 6).

Wie weit das Grundwasser in Wüsten aus dem eigenen Klimabereich stammt, ist in den wenigsten Fällen klar. Meist handelt es sich wohl um Grundwasserströme, die von sehr weit herkommen und vielleicht Jahrhunderte zu ihrem Weg gebraucht haben. Häufig tritt das Wasser als Schichtwasser unter einer undurchlässigen Schichte auf, wo es unter Umständen unter einem starken Druck steht und nach künstlicher Durchbohrung der Schichte in einem artesischen Brunnen zum Vorschein kommt. Die außerordentliche Häufigkeit der artesischen Brunnen in den verschiedensten Wüsten, wo das Wasser unter Umständen einen Weg von hunderten Kilometern unterirdisch zurückgelegt haben muß, ist ein bisher ungeklärtes Phänomen. Vielleicht ist der Mangel an Zertalung, die den Schichtwassern sonst häufige Auswege schafft, eine der Ursachen. Es bleibt aber das auffallend weit verbreitete Vorkommen einer undurchlässigen Schichte in annähernd gleichbleibender Tiefe zu deuten. Möglicherweise sind Krustenbildungen zu einer Erklärung heranzuziehen.

Wo ein Feuchtigkeitshorizont an der Oberfläche ausstreicht, kann es zu einer brauchbaren Wasserstelle in der Wüste kommen. Es sind aber höchstens ganz kleine, bald verdunstende oder versickernde Quellgerinne, die sich an den Wasseraustritt anschließen. Das heimliche Murmeln einer Quelle gibt es in der Wüste nicht.

Um das Wasser trinkbar zu erhalten, muß in vielen Fällen der Wasseraustritt immer wieder zugeschüttet werden, da nur so eine allzu große Verdunstung und damit Verbrackung hintangehalten werden kann. Alle Wüstenmenschen wissen dies, und die Pflege der Wasserstellen ist, wie wir noch sehen werden, eine Grundregel im Ehrenkodex der Wüste. Will man einen verdorbenen Wasseraustritt wieder in Verwendung nehmen, dann tut man gut, ein Stück entfernt von den meist durch Kochsalzausscheidungen oder Kalksinter gekennzeichneten Austrittstellen die Wasserschließung anzusetzen, um aus der Verbrackungszone fortzukommen.

Auf Flüsse wird der Reisende in der Wüste nur in ganz seltenen Ausnahmefällen rechnen können, zu unbeständig sind die oberflächlichen Wasserläufe. Eintagsflüsse nach Ruckregen sind die Regel. Rasch eingerissene Regenrinnen werden in den langen Trockenzeiten wieder verschüttet und verweht. Doch gibt es besonders strenge Wüsten, in denen dies nicht der Fall zu sein scheint. Es wird davon noch die Rede sein.

Die aus niederschlagsreicheren Nachbargebieten zuströmenden Wüstenflüsse nehmen während ihres Laufes durch Verdunstung ständig ab, und der Salzgehalt nimmt gleichzeitig zu. Haben sie den Bereich der kahlen Wüstengebirge und der Schuttkegeln verlassen, dann beginnt ein mühsames Weiterkommen und früher oder später ein blindes Ende. Bei Wiederaufleben nach der Trockenzeit ist der Fluß häufig gezwungen, sich einen neuen Weg zu suchen. Den von außen hereingeführten Abfall läßt er irgendwo in der Wüste liegen, und es gäbe fast nur mehr reine Aufschüttungsgebiete, wenn nicht noch eine andere Kraft gerade in der Wüste sich in ganz außerordentlicher Stärke geltend machte, und das ist der Wind.

Der Wind

Wenn auch die Wüsten ihren Formenschatz nicht so vollständig dem Wind verdanken wie früher angenommen wurde, so sind die durch ihn geschaffenen Oberflächenformen verbreitet und eindrucksvoll genug, und der Verfasser neigt nach wie vor der Auffassung zu, daß die Ausgestaltung mancher scharfer Wüsten ausschließlich sein Werk ist.

Die lebendige Kraft des Windes erschöpft sich nicht lediglich im Wehen. Er verfrachtet auch und zwar ebenso abwärts wie aufwärts. Durch keine Pflanzendecke behindert kehrt er aus wie ein großer Besen, und kein Schlupfloch ist vor ihm sicher. Der Wind weht in der Wüste oft tage- und wochenlang ohne Kalmen, im persisch-afghanischen Grenzgebiet sogar Monate hindurch. Er kann Stärken erreichen, die kräftige Männer umwerfen, und alles, was in Hauptstrichgebieten des Windes lebt, muß sich seiner Macht unterordnen. Man kann auf einer Reise in der Wüste tagelang durch den Sturm festgehalten werden und sich nicht vom Platz rühren.

Es wurde bei der Tätigkeit des Windes in der Wüste streng zwischen seiner abhebenden und seiner schleifenden Wirkung unterschieden. Man spricht in ersterem Fall von „Deflation", in letzterem von „Korrasion". In Wirklichkeit geht aber beides Hand in Hand, denn in beiden Fällen transportiert der Wind bewegliche Teilchen. Nur sind bei der Deflation die betroffenen Teilchen durch die Verwitterung und bei der Korrasion durch den mechanischen Aufprall anderer Teilchen beweglich geworden. Wenig vermerkt und doch wahrscheinlich von großer Bedeutung ist die Art des Windes. In gewisser Beziehung analog wie beim Regen sind am wirksamsten die Stürme, die sich *stoßweise* auf das Gelände stürzen.

Vom Wind können lose Gesteinspartikelchen bis zu Hühnereigröße bewegt werden. Sie werden freilich nicht mehr vom Boden abgehoben. Aber Feinsand treibt noch in ziemlicher Höhe, und jeder, der in der Wüste in einen Sandsturm kam und am Rücken des Kamels die stechenden Körner im Gesicht spürte, kann ein Lied davon singen. Im allgemeinen bewegt sich Feinsand in kleinen Sprüngen hart an der Bodenoberfläche, und Grobsand erleidet nur eine langsame Verrückung.

Die Schleifwirkung des Windes ist ungeheuer. Jede echte Korrasionslandschaft in der Wüste gibt eine Anschauung davon. Mit Sand beladener Wind kann ganze Gebirge zersägen. Meist ist die Wirkung des Windes *flächenhaft*. Es kann aber auch *linear* gearbeitet und es können lange Straßen erzeugt werden.

Abb. 7. Persische Wüsten. Durch Sandwind modellierte Seelößlandschaft im Becken von *Schahdad*. (Phot. GABRIEL)

Naturgemäß ist die Wirkung des Windes in der Nähe des Bodens am stärksten. Es bilden sich daher in stürmischen Wüsten häufig Pilzfelsen und verwandte Formen. Bei ihnen ist deutlich, wie sehr Deflation und Korrasion zusammenarbeiten. Denn in der Hauptsache wird das Bröckelmaterial, das am Fuß des Felsens durch die hier nach Niederschlägen verstärkte Feuchtigkeit und nachfolgende Verwitterung entsteht, vom Wind abgehoben, und erst in zweiter Reihe wird der wegen der fehlenden Bodenreibung in einigem Abstand vom Boden liegende Teil des Felsens vom Sandschliff zerstört.

Auf die seltsamste Art versieht Sandgebläse das Gestein bis zu einiger Höhe mit tiefen Kratzern und Stichen. Vom Wind

ausgestanzte Rillen strahlen auf charakteristische Weise auseinander. Oft modelt Sandgebläse Blöcke und Felsen aus gleichartig
zusammengesetztem Gestein in besonderer Weise um, und es entsteht die eigenartige Form eines Schiffsbuges. Weiches Gestein kann
die Korrasion zu „Sphinxen" umarbeiten mit stumpfer Stoß- und
sich verjüngender Leeseite (Abb. 7).

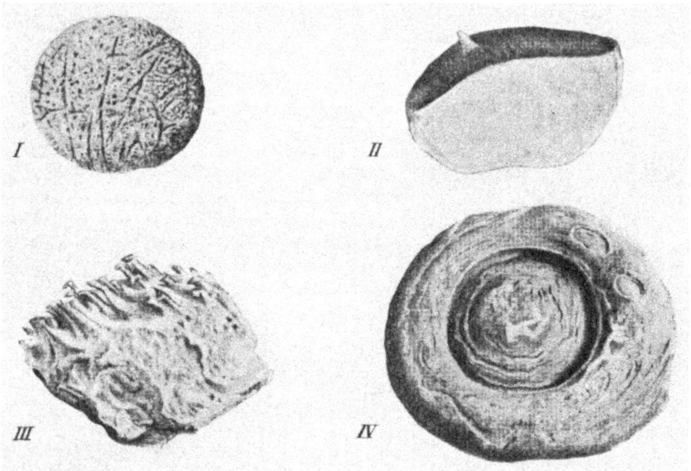

Abb. 8. I Als Rillenstein ausgebildetes Kalkgerölle. II Einkanter, von nur aus
einer Richtung wehenden Sandstürmen geschliffen. Eine kleine härtere Fora-
minifere überragt die Schleiffläche. Die helle Seite lag im Lee. III Foramini-
ferenkalk, dessen härtere Fossilien durch den Flugsand herausmodelliert
wurden. IV Aus Kalk herausgewitterte gebräunte Kieselkonkretion, die aus
einer etwa 6 cm dicken Kugel besteht, um die sich ein runder Kieselring legt.
Sogenannter „Augenstein". (Nach Photographien von J. WALTHER)

Es gibt seltsame Fälle, wo Wetzspuren 200 Meter hoch über der
flachen Umgebung zu sehen sind. Hier ist der Sand wahrscheinlich
als mehr oder weniger kompakte Masse in Bodennähe wie eine
Flutwelle die Höhen emporgepeitscht worden.

In manchen Wüsten, wie in der *Libyschen Wüste* oder der *Namib*,
wird auch der Laie rasch die Wirkung des sandbeladenen Windes
an den „Windkantern" erkennen (Abb. 8). Es sind oft sehr schön
facettierte Steine mit messerscharfen Kanten und prächtig polierten
Schleifflächen. Durch Lageveränderung der Steine oder Wechsel der
Windrichtung entstehen aus Einkantern Mehrkanter. Die gleichen

Gebilde findet man übrigens auch bisweilen in feuchten Klimaten. Warum bestimmte Wüsten trotz Windwirkung frei von Windkantern sind, wissen wir nicht.

Häufiger als Windkanter sind Steine, aus denen Härteres herausgearbeitet ist; solche Steine sehen dann wie zerhackt oder schwammig durchlöchert aus. Oft präpariert der Sandwind schöne Fossile, wenn sie als härtere Einschlüsse mehr Widerstand leisten und die geschliffene Fläche überragen. Wie Nadelkissen sehen Steine aus, denen zierliche Foraminiferen, einzellige Meerestierchen, auf mehreren Zentimeter langen Stielen wie Erdpyramiden in Miniatur aufgesetzt sind (Abb. 8).

Durch den Wind wird entsprechend seiner Stärke das feinere Material entfernt und das gröbere stehen gelassen. So bildet sich eine *Lesedecke*, die den Untergrund panzert und wie mit einem Schutzmantel an Stelle eines Pflanzenkleides vor weiterer Abtragung schützt. Der Wind stoppt also dadurch, daß er ein Pflaster erzeugt, seine Wirkung ab. Die Erscheinung ist nicht nur in der Wüste, sondern auch anderwärts, beispielsweise an Küsten oder im Hochgebirge, anzutreffen, wo breite pflanzenleere Flächen vom Wind getroffen werden. Mattgesetzt wird der Wind in der Wüste außer durch selbstgeschaffene Panzerung auch durch die Krusten und Rinden, zumindest wird ihm die Arbeit durch sie erschwert. Wirkungslos ist der Wind dort, wo das Grundwasser erreicht wird oder eine Pflanzendecke von dem Land Besitz ergriffen hat.

Es ist nicht genügend geklärt, unter welchen Verhältnissen der Wind sein Schleifmaterial aufnehmen kann. Es gibt zwar lose Sandfelder, die ihm Stoff liefern, aber die sind zumeist schon seine Ablagerungsstätten, und sonst ist die Oberfläche der Wüste fast überall gepanzert und verkittet. Immerhin muß es doch weite Flächen in der Wüste geben, die sich nach ihrer Bildung nicht sogleich unangreifbar machen, und viele Gesteine werden zerfallen, ohne Hartrinden zu bilden, denn sonst ständen die ungeheuren Staub- und Sandmassen nicht zur Verfügung, die der Wind abhebt und mit denen er seine Arbeit verrichtet.

Sein Schleifmaterial häuft der Wind dort an, wo die Transportkraft nachläßt.

Staub und Sand

Staub, der feinste Stoff, den der Wind befördert, wird lange schwebend in der Atmosphäre gehalten und schlägt sich nur schwer aus der Lufttrübe nieder. Selbst bei Windstille setzt er sich langsam ab. Er ist die Ursache des weit verbreiteten „Trockenen Nebels". Oft ist die Sonne schon hoch am wolkenlosen Himmel emporgestiegen, und noch wirft sie keinen Schatten. Die nähere und weitere Umgebung ist verhüllt; bisweilen sieht man nur die Spitzen der Berge, und manchmal ist der Trockennebel so dicht, daß die Karawane eng zusammenhalten muß, um einander nicht zu verlieren. Es ist vorgekommen, daß in undurchsichtiger Staubluft scheue Wüstentiere, wie Gazellen, sich unter die Herden der Menschen mengten und mit ihnen einherzogen.

Oft wird Staub in große Höhe gehoben und weit von seinem Ursprungsgebiet abgesetzt. Ob der Löß eine Staubablagerung ist, die aus den Wüsten ausgeblasen wurde, ist für viele Gebiete angezweifelt worden. Es gibt Forscher, die den Löß als Verwitterungsprodukt auffassen. Die Deutung des Lößes als verwehter Flußschlamm ist für die Wüsten der *aralo-kaspischen Niederungen* und für das *Tarimbecken* einleuchtend.

Oft ist die Luft in der Wüste schon bei schwachen Winden staubig, dann wieder selbst bei heftigen Stürmen rein. Ob der Wind imstande ist, Staub abzuheben, hängt von der Bodenbildung ab. Wo die Oberfläche mit einer dünnen durch aufsteigende Salze verkitteten Rinde überzogen ist oder wo ein Steinpflaster als Überbleibsel der Auswehung des feineren Materials den Boden vor weiterer Ausblasung schützt, sind die Luftmassen in der Wüste im allgemeinen auffallend klar, wenn sie nicht von weither kommen.

Wir erfahren dies immer wieder in extrem scharfen Wüsten. Obwohl gerade hier, wie wir noch sehen werden, Staubböden, die wahrscheinlich zum größten Teil an Ort und Stelle durch Verwitterung entstanden sind, besonders häufig angetroffen werden, vermag der Wind kein Feinmaterial aufzuheben, weil ihn eine Staubhaut daran hindert. Nur sandbeladen könnte er die Rinde verletzen und den darunter liegenden Staub aufgreifen. Staub wird in der Wüste nicht zu Wehen oder Dünen aufgeschüttet. Man kennt diese sehr seltene Erscheinung nur aus anderen Gebieten.

Aus dem Texas wurden 10 Meter hohe Tonstaubdünen beschrieben, deren Material aus Marschboden stammt.

Des Windes liebstes Spielzeug ist der *Sand*, und doch ist Sand selten ein Kind der Wüste. Er geht wohl auch aus der Verwitterung von kristallinen Massengesteinen hervor, ist aber zumeist einst im Wasser entstanden, abgelagert, verfestigt und in der Wüste wieder frei und beweglich geworden. Hauptlieferant des Sandes sind bröckelige Sandsteine und die im größten Teil des Jahres kahl daliegenden Flußbetten von großen Strömen sowie verschüttete Wadis.

Sand ist meist goldgelb. Er wird vom Wind sortiert, und je runder das Korn und je einheitlicher die Zusammensetzung, desto weiter ist er von seinem Heimatgebiet verfrachtet. Sehr selten wird er als kompakte Decke gleichmäßig und glatt über die Erdoberfläche ausgebreitet. Manchmal bildet er weit auseinandergezogene dünne Schleier über dem Untergrund. Fast immer ist er zu bestimmten Formen aufgeschüttet.

Die kleinsten und an kein Hindernis gebundenen Sandaufschüttungen sind die *Rippelmarken*. Diese Sandwälle bilden ein prächtiges Netzwerk, laufen quer zur Windrichtung meist parallel zueinander, dann teilen sie sich wieder, vergittern sich oder gliedern sich fiederförmig auf. Sie haben wie die hohen Dünen flachere Luv- und steilere Leeseiten. Die Rippeln scheinen immer mächtiger zu werden und immer weiter auseinander zu stehen, je heftiger der Wind bläst und je größer ihr Korn ist. Es gibt Rippeln von mehreren Dezimetern Höhe mit mehreren Metern Zwischenraum.

Wir kennen verwandte Bildungen, wo Wasser über Sand oder wo Luft über Wolken oder Wasser streicht und meinen, Rippeln dem Wellengesetz folgend überall an der Grenzfläche verschieden dichter und verschieden bewegter Medien zu finden. Aber vielleicht sind Rippeln als Windschwingungsformen bei verschieden großen Sandkörnern aufzufassen. Oder haben Sandrippeln gar nichts mit Wellen zu tun und entstehen durch Sonderung des Sandes nach der Korngröße? Oder durch stoßweises Wehen des Windes? In letzter Zeit ist auch die Anziehung der Sandkörner infolge Reibungselektrizität zur Erklärung herangezogen worden.

Über die Oberflächengestaltung der Sandaufschüttungen haben wir besonders viel gelernt, seit die Luftphotographie in den Dienst der Dünenforschung trat. Ursprünglich führten wir fast alle höheren Sandaufschüttungen auf den „Barchan" zurück, die hufeisenförmige Sicheldüne mit sanfter Luv- und steiler Leeseite. Wir stellen uns diese klassische Sandform entstanden aus einem flachen Sandschild vor, wenn er durch neu aufgelagertes flugfähiges Material seine Grundform nicht mehr halten kann. Bogenförmig wird die Form, weil der Sand randlich rascher vorwärts zu kommen vermag als in der größeren Masse des Mittelstückes. Freie Einzeldünen wandern denn auch sehr häufig als Barchane auf ebenen Fels- oder Kiesflächen dahin ohne Rücksicht auf kleinere topographische Besonderheiten des Untergrundes.

Wohl ausgebildete einzelne Sicheldünen sieht man aber nicht allzu oft. Berühren sie sich oder schieben sie sich aufeinander, so verwischen sich rasch die Formen. Schon kurz dauernde Winde von der Seite oder aus entgegengesetzter Richtung krempeln die Sandformen um. Aus diesen Einzeldünen die unendlich komplizierten Gestalten eines Sandmeeres zu zergliedern, ist unmöglich.

Nach dem heutigen Stand unserer Kenntnisse sind in den meisten Wüsten die großen Sandzüge nicht aus Quer-, sondern aus *Längsdünen* zusammengesetzt. Ob diese dadurch entstanden sind, daß die Schweife von Sicheldünen zu Längsdünen zusammenwachsen, bleibt offen. Sicher ist nur, daß longitudinale Sandwälle oft in imponierender Ausdehnung in vielen parallelen Zügen bisweilen aber auch in einem einzigen langen Kamm in der Hauptwindrichtung dahinziehen. Wir kennen Dünenzüge von mehreren hundert Kilometern Länge.

Sie haben naturgemäß keine ausgesprochene Luv- und Leeseite, aber häufig sitzen ihnen untergeordnete Formen auf, die etwas unsymmetrisch ausgebildeten Barchanen gleichen. Diese kleinen Sicheldünen reiten gleichsam auf den Wällen dahin. Zwischen den Längsdünenzügen ziehen mehr oder weniger breite glattgefegte Straßen. Bisweilen sind sie durch Sandwehen quergeteilt. Aus der Tatsache, daß in den langen Senken durch Jahrzehnte oder Jahrhunderte bestimmte Karawanenstraßen zogen, können wir annehmen, daß die großen Längsdünen vielleicht im Gegensatz zu den queren Dünenzügen als Formen festliegen, wiewohl der Sand, der sie aufbaut, oberflächlich durchaus in Bewegung ist.

34

Die die Längsdünen aufschüttenden Sandkörner fliegen im allgemeinen nicht den Wall entlang, sondern werden von dem in den Mulden zwischen den Strichdünen eingeengten Wind an den Hängen schief aufwärts bewegt.

Auch über die *quer* zur Windrichtung verlaufenden Sandaufschüttungen haben sich unsere Ansichten in den letzten Jahren sehr gewandelt. Das Luftbild hat gezeigt, daß es Dünenfelder gibt, die von oben in der Verkleinerung ganz wie Rippelfelder aussehen. Es sind in Wirklichkeit ansehnliche, oft mehrere Kilometer lange Wälle quer zur Windrichtung, die den Eindruck machen, als ob sich viele Sicheldünen girlandenförmig zusammengeschlossen hätten. Man möchte glauben, eine lange Kette von Mittelstücken aus Barchanen vor sich zu haben, die seitlich vollkommen miteinander verwachsen sind. Wie bei den Rippeln scheinen mit zunehmender Höhe auch die Abstände größer zu werden. Etwa 20 Meter hohe Wälle ziehen parallel etwa 400 Meter weit entfernt. Stufen an den Steilhängen sind als Reste älterer Dünen aufzufassen.

Längs- und Querdünen können sich offenbar in naher Nachbarschaft bilden. Vermutlich durch eine Kreuzung verschiedener Windsysteme entsteht ein Netzwerk von Sandanhäufungen, die man „Gitterwüste" nennt. Die „Reihensande", die aus langen in der Windrichtung gestreckten Sandwällen bestehen, erklärt man aus der Verschmelzung hintereinander wandernder Barchane.

Bisweilen kommt es zu ganz ungeheuren Ansammlungen von Sandmassen, die eine Höhe bis über 200 Meter erreichen. Sie wurden „Pyramidendünen" oder „Sterndünen" genannt, aber diese Namen werden den Formen nicht gerecht. Im *südalgerischen* Dünengebiet sind diese hohen Sandmassive wie ein Netzwerk auf Sandfeldern verteilt, in *Südarabien* stehen sie auch isoliert auf der festen Unterlage, und in der südlichen *Lut* ragen sie unregelmäßig verteilt über die Gipfelflur des Dünenmeeres.

Es gibt Sandaufschüttungen, die sich versetzen, und solche, die seit Menschengedenken am gleichen Ort verharrten. Freie nomadische Sandanhäufungen, die sich selbständig gemacht haben, können in dauerndem Auf- und Abbau begriffen und recht bösartig sein. Oft verwüsten sie alles, was ihnen im Wege steht.

Unbeschreiblich vielseitig sind die Sandformen, die sich bei ihrem Wandern ergeben. Meist paßt sich der Sand dem Gelände an und füllt die Oberflächenunebenheiten weitgehend aus. Er kriecht zwischen einzelstehenden Erhebungen durch und kleidet alles mit seinem weichen Teppich aus (Abb. 9). Kleinere, schneller sich bewegende Einzeldünen holen langsamere größere Einzelwanderer ein und verschmelzen mit ihnen. Dünenembryonen können sich von Mutterdünen loslösen und zerflattern. Wenn

Abb. 9. Von Sand überwehte mauerartige Gebirgskette in der französischen *Zentralsahara*. (Phot. TAIRRAZ)

Sande einen Hang hinaufwandern, so verlangsamen sie ihr Vorwärtsschreiten; beim Abstieg überstürzen sie sich. Die Wandergeschwindigkeit scheint auch von der Korngröße abzuhängen. Ausschlaggebend ist die Windstärke. Die Tageshöchstgeschwindigkeit einzelner Dünen auf flachem Grund mit etwa 20 Metern ist in der *Kysyl-Kum* gemessen worden. Ändern hohe Dünen bei Sturm deshalb schneller ihre Lage als niedrige, weil die Windgeschwindigkeit mit der Höhe zunimmt? Vielleicht versetzen sich Sandmassen auch als Ganzes. Wie ist es zu erklären, daß Fußspuren nach Stürmen bisweilen noch vorhanden, aber ein Stück weit verschoben erscheinen?

Die Landesbewohner haben für besondere Formen von Sandaufschüttungen eigene Namen. Der in unseren Sprachgebrauch
übergegangene Ausdruck „Barchan“ stammt aus *Turkestan*. Die
Längsketten nennt man in der *Sahara* „Zemlul“ oder „Suiyuf“;
in *Arabien* heißen sie „Uruq“. Für die zu großen Höhen sich auf-
türmenden Sandmassive hat der Eingeborene *Nordafrikas* den
Namen „Oghurd“ oder „Rhurd“ geprägt, der Beduine *Arabiens*
„Qa’id“, der *Perser* „Qal’äh Rig“ und der Bewohner des *Tarimbeckens* „Dawan“. „Gassi“ sind in der *Sahara* die Boulevards zwischen den Längsdünenzügen; „Faludj“ und „Huqun“ die tiefen
Senken in der *Nafud* und den *ar-Rimal*. „Baiyr“ nennen die Bewohner *Ostturkestans* die bodenfeuchten Tennen in der Gitterwüste.

Vielleicht verhelfen uns einmal solche Namen zu einer folge-
richtigen Gliederung der Sandaufschüttungsformen, ein Gebiet,
das wir noch lange nicht beherrschen. Wir haben nicht einmal
einen Überblick über die Verbreitung der Dünenformen. Noch
besitzen wir nicht die Kenntnisse, um die Entstehung einigermaßen verwickelter Dünensysteme zu verstehen. Wir haben schon
auf verschiedene Fragen hingewiesen. Es tauchen immer neue auf.

Besteht bei Sandanhäufungen geringerer Mächtigkeit die Neigung zur Ausbildung von Quer- und bei solchen größeren Ausmaßes von Längsformen? Wann entstehen die „Walfischrücken“
genannten langgestreckten Buckel? Hat die Nähe von Boden-
feuchte etwas damit zu tun? Oder die Form der Unterlage? Es
ist behauptet worden, daß sich Längsdünen besonders dort
bilden, wo starke und beständige Stürme sich ungestört entfalten
können, und Querdünen dort, wo nur verhältnismäßig schwache
Winde wehen. Aber das ist leicht zu entkräften. Wie kommt es zu
den Querriegeln zwischen Längsdünenwällen? Entstehen die über-
durchschnittlich hohen Sandanhäufungen an den Knotenpunkten
sich durchkreuzender Längsdünensysteme? Oder beruhen sie auf
einer Kombination von Längs- und Querdünen? In seltenen
Fällen umgibt eine hohe Sandmauer Teile des Außenrandes eines
Dünenmeeres, und wir ahnen nicht, durch welche Art Interferenz
der Luftströmungen sie entstanden ist. Wie weit spielen reibungs-
elektrische Erscheinungen eine Rolle? Wir wissen das alles nicht.
Irgendwie muß der Sand genötigt sein, sich den Druck- und Strö-
mungsunterschieden der darüber fließenden Luft anzupassen.

Die Richtung der Dünen wird so getreu vom Wind bestimmt, daß wir auf Luftbildern aus den Zügen der Hauptkämme die Hauptwindrichtung in dem betreffenden Gebiet ablesen können. Aus der Nähe läßt sich in einem Dünenmeer eigentlich bloß der letzte gestaltbestimmende Wind aus dem Anblick der oberflächlichen steilen Leeseitböschungen bestimmen (Abb. 10). In dem

Abb. 10. Dünenmeer der *Südlichen Lut* (Persien). Im Hintergrund bis über 200 m hohe Sandgebirge. (Phot. GABRIEL)

verwirrenden Bild tritt nur mit ungeheurer Eindringlichkeit vor Augen, wie die Formenanordnung von den kleinsten Rippeln bis zu den höchsten Sandgebirgen durch bestimmte Gesetzmäßigkeiten ungleichartiger Luftbewegung aufgezwungen wird.

Plumpere, stark gebräunte Formen aus gröberem Sand mit geringer Reliefenergie sind oft alt und tot; feiner, dauernd bewegter Sand ist zu zierlicheren, meist hellen Gebilden umgearbeitet. Dünen können durch Verkrustung der Sandkörner mit Salzen, die sich aus der in den Dünen zirkulierenden Feuchtigkeit ausscheiden, weitgehend verfestigt werden. Oft gibt es ein im Sand locker eingelagertes, recht widerstandsfähiges Skelett von Gips-, Baryt und anderen Kristallen. Besonders Kalklösungen verkitten Dünensand. Die besten Festleger sind Pflanzen. Wo Dünenfelder

38

sich bewachsen, entstehen ausdruckslose Hügelsande, bei entsprechenden Niederschlägen auch Sandsteppen, die schon nicht mehr zu dem Landschaftsbild der echten Wüsten gehören.

IV. Die Typen der Wüste

Wenn das Gespräch auf die Wüste kommt, wird offenkundig, daß die Ansicht vorherrscht, jede Wüste bestehe aus Sand und bilde eine ausgedehnte gelbe Fläche. Seit dem Altertum wurde diese Vorstellung eifrigst gepflegt. HERODOT schilderte alle Wüsten, die er kannte, bis nach Vorderindien hin als einziges zusammenhängendes Sandmeer, und auch noch HUMBOLDT schloß sich seiner Meinung an, die Sahara sei ein Sandmeer, Persien durchschnitten vom Kaspisee bis zum Indischen Ozean wäre eine ungeheure Sandwüste, und die Sandmeere durch Afrika und Asien bis jenseits des Indus könne man auf einer Strecke von über 11000 Kilometer verfolgen. Auf den üblichen Ansichten der Wüste ist denn auch meist jetzt noch eine mit frischgrünen Oasen besetzte goldblonde Dünenlandschaft unter einem azurblauen Himmel dargestellt.

Soweit die Weiträumigkeit auf dem Bild zur Geltung kommt, mag ein hervortretendes Merkmal der Wüste erfaßt sein. Aber Oasen sind selten, den azurblauen Himmel erleben wir fast nie in der Wüste, und Sand gibt es in vielen Wüsten spärlich oder gar nicht.

Im Gegensatz zu den althergebrachten Vorstellungen werden wir in den Trockenräumen der Erde zumeist statt Dünen weite Ebenheiten antreffen, die dunkle Steinscherben übersäen. Fast immer ist eine Gliederung in mehr oder weniger flache Hohlformen zu erkennen, die kein Wasserlauf zu verbinden vermochte. Oft liegen die Senken weit auseinander, und mächtige Erhebungen mit einem ansehnlichen Wechsel von Hoch und Tief beherrschen das Bild (Abb. 11). Aber kein azurblauer Himmel wölbt sich über ihm, sondern ein hartes, jede Farbe löschendes Licht fällt von einem weißen Firmament und macht die Gesteine wie Harnische blitzen in einer Landschaft, die Tagereisen weit von keinem Grün belebt wird.

Weil der Begriff der Wüste weder mit einer bestimmten Boden-
art noch mit einer Geländeform etwas zu tun hat, ergibt sich die
Mannigfaltigkeit der Fels-, Sand-, Ton- und Salzwüsten, der
Wüstengebirge und Wüstentafeln. In den einen Wüsten herrschen
Schichtstufen oder Schwellen, in anderen hoch aufragende Ge-
birge mit abflußlosen Becken, wieder in anderen ausdruckslose
Ebenen mit Dünenfeldern vor.

Abb. 11. Stark gebräunte Gebirgswüste. Schutterfüllte Talungen zwischen
scharf herausgearbeiteten Höhen in der *zentralen Sahara*. (Phot. Tairraz)

Trotz aller Begründung des Wesens der Wüste im Klima prägt
sich in ihren einzelnen Typen die ursprüngliche Form durch, die
schon vorhanden war, bevor die Wüste einzog. Wir können verschiedene Wüstentypen nach dem Gesichtspunkt der Bodenart
unterscheiden, wie man es früher vielfach tat, also beispielsweise
von den Kieswüsten Nordafrikas, den Splitterwüsten Innerasiens,
den Lehmwüsten der aralo-kaspischen Niederungen sprechen,
oder wir können die Großformen zur Typisierung heranziehen
und Rumpfschollenwüsten des Hoggar von Kettengebirgswüsten
der Anden unterscheiden. In vielen, wenn nicht den meisten
Fällen, lassen sich entwicklungsgeschichtliche Zusammenhänge
zwischen den einzelnen Wüstentypen feststellen, und oft stehen
sie auch räumlich miteinander in Verbindung.

40

Überall auf der Erde tritt die Wüste in zwei gegensätzlichen Relief-
typen auf: entweder als Flach- oder als Gebirgswüste. Bei einer zo-
nalen Anordnung der Formengruppen finden wir letztere peripher.

Die Gebirgswüsten

Sie heben sich oft aus dem Wüstenmilieu heraus. Vorherrschend
vom Formenschatz des rinnenden Wassers geprägt sind sie daher

Abb. 12. Gebirgslandschaft mit breiten verwilderten Schuttsohlen im Raum
von *Bardai (nördliches Tibesti)*. (Phot. WEIS)

stark zerfurcht. Es überwiegen Kerbtalformen und schneiden-
artig zugeschärfte Talscheiden. Die Talgründe haben im Gegensatz zu denen im feuchten Klima oft ein auffallend steiles Gefälle.
Die Gesteinsunterschiede sind für die Herausbildung gegensätz-
licher Landschaftsformen verantwortlich, und wir sehen scharf
profilierte und tief eingeschartete Kammlinien, aber auch lang-
gestreckte Buckel. Wandverwitterung bedingt bisweilen aben-
teuerliche Felsgestalten. Die Oberflächenformen können auf
Schritt und Tritt ändern, je nach der wechselnden Widerstands-
fähigkeit der Gesteine (Abb. 12).

In entsprechenden Höhen ist durch die Luftverdünnung die Ein-
und Ausstrahlung noch gesteigert, die Gesteinszertrümmerung ist

überaus beschleunigt, und ein Teil der intensiven mechanischen Verwitterung in winterkalten Wüsten auch dem Spaltenfrost zuzuschreiben. Es kommt zu einer ungeheuren Anhäufung eckiger Schuttmassen. Die Schleifwirkung des Windes ist gering. Dunkelrinden sind weit verbreitet (Abb. 13).

Wo die Gesteinstrümmer an Ort und Stelle zu Sand und Grus verwittern, ist der Fuß der Talhänge frei von Blockhalden. Das

Abb. 13. Gebirgswüste *(Sahara)*. Gebräunte scharfkantige Schuttmassen auf dem Pfad nach *Aozu* im *nördlichen Tibesti*. (Phot. WEIS)

Feinmaterial wird dann aus dem Gebirge herausbefördert und vor seinem Fuß in Sandschwemmebenen ausgebreitet. Stellenweise ragen Restberge oder Klippen harten Gesteines über sie empor. Wo die Berghänge kräftiger beregnet werden, vermag die Spülabtragung auch gröberen Schutt zutal zu fördern. Statt der Sandebene vor dem Gebirgsfuß ergeben sich Schwemmfächer aus einem noch kaum sortierten Gemenge.

Wir sehen aber auch eine hoch hinaufgreifende Ummantelung des Gebirges mit Schutt, und die Spitzen der Berge ragen dann wie Resthöhen über einem sehr breiten, sanft ansteigenden Sockel auf. Der Schutt wird kaum gerollt, und nur selten sind die Gebirgswüsten randlich von Geröllwüsten umgeben. Der Abfall ist oft durch Krusten verkittet. Wadis zerreißen die Fußflächen und zertalen sie in weiten Abständen. Es sind diese Schutthalden, die die Abfälle der Gebirgswüsten als erste Zone der Flachwüste umsäumen.

Die Flachwüsten

In ihnen tritt die Wirkung des rinnenden Wassers im allgemeinen zurück. Es herrscht die Ebene verschiedenster Entstehung, und hier finden wir die strengsten Wüsten der Erde mit fast absoluter Lebensleere. Den Grund können flach gelagerte Schichten bilden, oder es kann ihn auch eine Verebnungsfläche darstellen, die über einem gefalteten oder sonstwie gestörten Unterbau hinweggreift; schließlich kann er auch Schwemmland sein, und dies oft von sehr weit entfernten Gebirgen.

Wenn es sich bei Plateauerhebungen mit flacher Schichtlagerung um Tafeln von verschiedenem Niveau handelt, kann es zu *Schichtstufenlandschaften* mit allen Formen der Zerlappung kommen. Es ist sehr reizvoll, die Stadien der Entwicklung zu verfolgen, wie sich Kesselbuchten und Amphitheater rückwärts in das Tafelland einschneiden und Zungenberge in das Vorland hinausgreifen und sich allmählich von der Tafel ablösen. Man nennt sie dann „Zeugen". Es sind echte Kinder der Wüste von Miniaturausmaßen bis zu mehreren hundert Meter Höhe. Noch wird ihre Oberfläche durch dieselbe härtere Platte bedeckt wie das benachbarte Tafelland; aber schließlich zerfallen sie immer mehr, gehen auf in Trümmer und Staub und sind bald in alle Winde verweht.

In Flachwüsten kann sich der Wind besser entfalten als in Gebirgswüsten. Seine Schleifwirkung hängt allerdings von dem Vorhandensein von Sand ab. Steht ihm solcher zur Verfügung und ist das rinnende Wasser auf große Flächen ausgeschaltet, dann können auf fester Gesteinsunterlage, wo weiche Lagen entfernt sind, eindrucksvolle reine Sandschlifflandschaften von verschiedenstem Aussehen entstehen.

Am häufigsten sind die Bildungen von *Wannen*, die oft sehr bedeutend sind, wenn schwache und widerständige Gesteine in räumlich weitem Umfang vorkommen. Statt der flachen, in der Windrichtung gestreckten Wannen gibt es auch *Windfurchen*, die zu tiefen Gräben und Rinnen ausgestaltet sind. Die Wände der Schluchten sind glatt poliert, wenn das Gestein gleichmäßig, und geriefelt und mit Zacken und Leisten versehen, wenn es nicht einheitlich ist. Zwischen den Furchen sind Rippen oder teufelsmauerartig hervorragende Grate herausgeschält. Oft kommt es zu einer typischen Kannelierung.

Es können außer in festem Felsboden durch Sandschliff auch in ganz ungeschütztem Lockermaterial durch reine Ausblasung Wannenlandschaften entstehen. Bisweilen sind auch hier die Oberflächenschichten durch lange, annähernd parallele, bis über metertiefe und übermeterbreite steilwandige Furchen zerschlitzt und die dazwischen aufragenden Wände kammartig zugeschärft. Meist liegen diese Landschaften in den niedrigsten Abschnitten der Wüste und gehören zu den Pfannen- oder Trockenseentypen, von denen unten noch die Rede ist.

Das Ergebnis flächenhafter Windwirkung sind auch die von *Gesteinscherben* übersäten Ebenen, die in der Wüste oft auf sehr weite Flächen hin ausgebildet sind. In der Sahara und im Wüsten-Arabien nehmen sie etwa 80% des Bodens ein. Meist ist die Gesteinüberstreuung desto massiger je näher das Gebirge ist.

Es hat sich nach einer alten arabischen Nomenklatur eingebürgert, *grobe* Trümmerwüsten als „Hamada"[1], und mit *kleinerem* Kies bedeckte Flachwüsten als „Seghir"[2] zu bezeichnen. Wir legen heute mehr Bedeutung auf die Unterlage, und nennen „Hamada" ein mit Gesteinsscherben bedecktes Felsplateau, und „Seghir" eine mit schwach abgerolltem Material überstreute Schwemmablagerung oder einen älteren Konglomerathorizont. In allen diesen Fällen haben wir ein Steinpflaster vor uns, das ein Überbleibsel der Auswehung ist und zugleich einen Schutz vor der weiteren Ausblasung des darunter liegenden Bodens bildet. Hamada und Seghir grenzen selten scharf aneinander; meist geht der eine Wüstentyp unmerklich in den anderen über. Beide Wüstenarten können von einer entsetzlichen Öde sein.

Besonders als *Hamada* zeigt sich die Wüste in einer ihrer abschreckensten Formen, wenn auf absolut ebener Felsplatte nichts als scharfkantige schwarze Brocken umherliegen. Ganz dunkel ist diese Trauerlandschaft, wo zerrüttete Lavafelder die Hamada

---

[1] hamada = absterben. [2] seghir = klein.

zusammensetzen. Die feinere Ausgestaltung der riesigen Block-
ansammlungen hängt hauptsächlich von der Rindenbildung und
dem Sandschliff ab. Der Aufenthalt in freier Hamada kann untertags zur Qual werden, wenn sich die Gesteinstrümmer wie
Wärmeakkumulatoren mit Sonnenglut aufgeladen haben (Abb. 17).

Solchen Hamadas gegenüber sind *Seghire* mit ihrer Kiesbe-
deckung und ihrer oft schwachen Dünung mild. Aber sie sind
von einer Ausdruckslosigkeit im Landschaftsbild, die kaum über-
troffen werden kann. Es ist der Wüstentyp, den man gerne mit
dem Meer vergleicht, wo der Wüstenfahrer wie der Seemann tag-
aus und tagein einen leeren Horizont absucht. Hier ist vor uns
nichts, rückwärts nichts, wirklich nichts, bisweilen nicht einmal
der Blickkreis, wenn er in Hitzewellen oder in Dunst aufgegangen
ist. Aber jeder einzelne Kieselstein, der so sorgfältig und gewissen-
haft neben den anderen gesetzt ist, kann in seiner Art ein Kunst-
werk sein, vom Wind zurechtgeschliffen, von der Sonne lackiert,
vom Staub noch extra poliert und von aus der Tiefe aufsteigenden
Salzlösungen mit „Wurmrillen" versehen (Abb. 8). Man kann ein
Gepränge kleiner und kleinster absonderlicher Naturgebilde
finden. Die „Wüstenrosen" sind durch Tau, Sand und Sonne auf-
geblühte Kristalle aus Gips und Quarzstückchen.

In den meisten Fällen ist die Seghir durch schichtflutartig ab-
fließendes Wasser geschaffen und die kiesige Decke vom Wind ausgestaltet. Diese Aufschüttungsräume leiten aus der Umwallung eines
Gebirgswüstenbeckens zu dessen inneren Teilen über. Hier sammelt sich das Feinmaterial zu einer vielfach, aber nicht immer salz-
haltigen, tonigen oder lehmigen Schwemmlandebene. Sie ist aus
dem letzten Ausschlämmprodukt aus den Schuttkegeln der Berge
zusammengesetzt.

In diesem Bereich liegen die großen Ausblasungsflächen der
Wüste und in ihrer Nachbarschaft meist die *Sande*. Wir finden sie
vor allem dort, wo es *eine* vorherrschende Windrichtung gibt, und
so sehen wir in vielen Wüsten die einzelnen Becken an bestimmten
Rändern von einer mehr oder weniger breiten Sandwüste um-
rahmt. Dünenfelder sind ebenso wie reine Korrasionslandschaf-
ten nur vom Wind erzeugt. Voraussetzung zu ihrer Bildung
sind Vegetationslosigkeit und das Vorhandensein geeigneter
Sandnährgebiete. So sind Dünenmeere nicht an irgendwelche

Klimagürtel geknüpft, sondern durch rein geologische Vorgänge verursacht.

Lose Sandfelder gehören zu den berüchtigtsten Wüstentypen, und die meisten umfangreicheren harren noch ihrer Erforscher. Stets ist es ein Wagnis, unübersichtliche Ansammlungen von Flugsanddünen, die sich hoch emportürmen, zu durchstoßen. Nie kann man sich in Sanden sicher fühlen, da jeden Augenblick Sturm einsetzen kann.

Die einzelnen Formen der Dünen vom Boden aus aufzulösen, erscheint, wie wir schon sahen, kaum möglich. Sie sind ungemein verwickelt und sie ändern sich dauernd, wenn Wind aus einer anderen Richtung bläst. Neue Kanten werden den Sanden aufgesetzt; große Partien Flugsand rutschen wie Schneelawinen von den Steilböschungen ab; die Einzeldünen werden umgelegt und frische Binnenhöfe ausgebildet. Bisweilen spiegeln Sandmeere alle Farben von gelb zu rot. Nur die Stellen, an denen dunkles Verwitterungsmehl den Dünenhängen angeweht ist, sehen wie riesige Rußflecke aus, und man glaubt sie von weitem durch den Qualm von großen Lagerfeuern entstanden.

Wenn kein Sand vorhanden ist, ist die Lehm- und Tonwüste meist das Bindeglied zwischen der Kieswüste, als gröberer Ablagerungsrest der Flächenspülung, und den Sammelbecken der Schichtfluten im *Innersten der Becken*. Wo sich der Wind, insbesondere der Sandwind, dieser Lehm- und Tonwüsten bemächtigt, kann eine der *wildesten Erosionslandschaften* entstehen, die es auf der Erde gibt.

Es ist das Reich der „Wüstenstädte" oder „Wüstendörfer", von denen die Anrainer der Wüste sich scheu erzählen. Oft glaubt man sich zwischen gelben Wänden in die Gassen einer ausgestorbenen menschlichen Niederlassung versetzt, die nur aus Lehmkuppeln und Mauern besteht. Man erwartet Palmen und schreiende Kinder, aber alles ist tot und verlassen.

Am großartigsten sind die „Wüstenstädte" in den persischen Wüsten zur Ausbildung gekommen. Hier hat der Sandwind die Absätze zu mehreren Stockwerken hohen Gebilden zerlegt, die mit Kanzeln, Türmen und Domen ausgestattet sind und in der flackernden Luft aus einiger Entfernung ins Riesenhafte verzerrten Fabelstädten gleichen (Abb. 14). Sie können sich zu immer neuen grotesken Kulissen aufbauen und geradezu einer Häuser-springflut gleichen, so sehr, daß Forschungsreisende in ihren Routenaufnahmen die einzelnen Gruppen mit Kennworten wie „Babylon", „New-York" und „Chicago" belegten. Nach Ansicht der Karawanenleute liegen hier die Ruinen von sieben Groß-städten, wie sie die Welt nicht mehr sah, die zur Zeit Rustams, des persischen Herkules, im Herzen der Wüste erblühten und später in einer Sintflut ertranken.

Abb. 14. „Wüstenstadt". Am Weg von *Deh Salm* nach *Schahdad* (Persischer Trockengürtel). (Phot. Gabriel)

Die Fluten gibt es noch heute in der Wüste, wenn auch nur in Ausnahmejahren. Sie überschwemmen die tiefsten Teile und bilden nach ihrer Verdunstung einen der bezeichnendsten Wüsten-typen, die *Pfannenlandschaft.* Es hängt vom Salzgehalt des sie während der Feuchtezeit bedeckenden Wassers ab, in welcher Form uns die Oberfläche nach ihrer Austrocknung entgegentritt. Die Pfannen oder Trockenseen können rundlich, länglich, allen-falls in zahllosen Buchten verzahnt und von ganz verschiedenem Umfang sein. In allen Wüsten führen sie eigene Namen. Immer sind es Flächen, die die Abschwemmung gebildet hat, und dauernd können sie ihr äußeres Bild ändern.

Wenn größere tischplattenebene Flächen toniger Überbleibsel von Regenseen ganz salzfrei sind, reißt ihre Oberfläche in der

47

Trockenzeit meist rautenförmig auf, und es entstehen tiefe scharfkantige Risse. Platten können abgehoben sein, die sich aufblättern. Abgelöste Tonhäute rollen sich wie Hobelspäne ein, und Tondüten liegen dann auf den Pfannen und werden durch den Wind hin und her bewegt. Es raschelt wie Laub, wenn man darüber schreitet. Solche Pfannen gleichen, wenn sie scharf an den gebräunten äußersten Schuttfächer der Berge grenzen, mit ihrer lichten, das Tageslicht grell reflektierenden Oberfläche auch in ausgetrocknetem Zustand völlig Seen.

Wo es Salzabsätze in den Pfannen gibt, handelt es sich zumeist um Steinsalz, aber auch um Gips-, Kali-, Magnesiumsalze und anderes. Das Salz kann als Pulver ausblühen und wird dann rasch verweht. Es kann sich auch eine dünne Kruste bilden. Wo sie fein ist, vermögen sie Wind und Sand bald wieder zu zerstören. Oft ist das Salz in Form von Schnüren, Rosetten oder Säulchen eingedampft. Es kann rein weiß sein, dann wieder bunt, wenn Eisen oder Kupfer an ihrer Bildung beteiligt sind. Manchmal ändert eine helle, glänzend weiße Salzlandschaft ganz plötzlich ihr Aussehen und sieht wie mit Kakao bestreut und schmutzig grau aus, wenn Staub über sie treibt und haften bleibt. Sofern die Salze in den zusammengeschwemmten Massen der Pfannen wasseranziehend sind, können sie lange feucht bleiben, und es ist dann schwer zu entscheiden, ob nicht Grundwasser hier bis hart an die Oberfläche reicht.

Wo dies in entsprechend weiträumigem Maß der Fall ist, haben wir den meist gefürchteten Wüstentyp vor uns. Die schlimmsten Sandmeere, die wasserlosesten Steinscherbenwüsten sind den unerschrockenen Wüstenleuten lieber als *Grundwasserpfannen*, und müssen sie durch, dann rasten sie nicht, ehe die gefährliche Strecke hinter ihnen ist. Reisende in Nordafrika haben leicht Gelegenheit, diese Wüstenart wenigstens aus der Ferne zu betrachten. Heute führt eine Bahn bis Tozeur an den Nordrand des *Schott-el-Djerid*, der gleich anderen ähnlichen Bildungen als feuchte versalzte Grundwasserpfanne 120 Kilometer lang und 60 Kilometer breit am Südfuß des Tunesischen Berglandes hinzieht.

Im *Schott-el-Djerid* schwimmt eine große solide Salzkruste, die hart und durchscheinend wie Flaschenglas ist, auf dickem schlammigen Grund. Wasser steht nach Regengüssen in flachen Schichten hier und dort auf der weißen Oberfläche. An einzelnen Stellen, den „Meeraugen" der Eingeborenen, blickt offenes Wasser durch die Decke. Die Salzkruste ist nicht starr; sie scheint sich über dem schwankenden Untergrund zu bewegen. Mehrfach wurde beobachtet, wie unter dem Druck des Windes ruckweise Wasser aus den Löchern hervordrang, die man zur Befestigung der Zeltschnüre in die Salzkruste geschlagen hatte. Zwischen Salzscheibe und Ufergürtel schiebt sich ein grauer Streifen ein, in dem Salzkruste, Schlammgrund und Wasserfläche sich gegenseitig durchdringen.

Noch imponierendere Grundwasserpfannen gibt es in den persischen Wüsten. Hier heißen sie „*Kawire*".

Sie liegen in den abflußlosen Sammelbecken für den ganzen Abfall, den Niederschläge von den zerfallenden Höhen im Umkreis zusammengeschwemmt haben und der zu Morästen eingedickt wurde. Bei Verdampfung der Verwitterungslösungen kam es zu weitgehender Versalzung. Die zu Zeiten des Jahres oberflächlich trockene Wüste birgt unter einer mehr oder weniger dicken Decke noch einen trügerischen Salzsumpf und ist den unterirdischen Bewegungsvorgängen in der breiigen Masse unterworfen. Seitlicher Druck von der Peripherie gegen das Zentrum und von unten nach oben gerichteter Druck im Inneren einer Kawir können dauernde Veränderungen der Oberflächengestaltung verursachen. Im Süden von Persien ist dieser Wüstentyp infolge zunehmender Verschärfung des Klimas und damit verbundenem Absinken des Grundwasserspiegels zu starrer Salzwüste geworden. Ihre mumifizierte Decke ist den Stürmen preisgegeben, die oft einen Belag von Sand, Grus und auch größeren Steinen über die Wüste geworfen haben.

Nicht bloß der Mangel an Festigkeit der oberflächlichen Kruste allein ist es, der den Salzsumpf ungangbar machen kann; auch die harte Oberfläche kann Formen haben, die den Weg versperren. Verhältnismäßig harmlos ist die Kawir dort, wo sie aus flachen, in Polygone zersprungenen glashellen Salzscheiben besteht, die sich zu einer Riesenbienenwabe zusammenlegen. Oft quillt zwischen den Scheiben aus der feuchten Unterlage Schlamm empor, der Wälle und Grate mit zerzackten Kanten bildet (Abb. 15).

Auch hier ist noch ein Vorwärtskommen, aber Mensch, Tier und Kraftwagen werden aufgehalten, wo sich die Salzschollen

Abb. 15. Salzpolygonkawir in den *persischen Wüsten*. Scheiben bis zu mehreren Metern Durchmesser, begrenzt von dünnen, vom Wind zugeschliffenen Graten. (Phot. GABRIEL)

Abb. 16. Typische Kaseh in der *Großen Kawir* (Persien). Völlig ungangbares Salztongelände mit Höckern und Klüften. (Phot. GABRIEL)

aus ihrem Gefüge gelöst und hoch aufgeworfen haben. Es ist die Bodenform, die der Perser „Kaseh" nennt (Abb. 16). Dort kann es zu einem grotesken Irrbau von Höhlen und Klüften aus klingend hartem, dunklem und sprödem Material kommen, eine Oberflächengestalt, wie sie außer in den *persischen Kawiren* bisher nur aus der *Lob-Nor-Wüste* bekannt wurde, wo hoch aufgerichtete Salztonkämme und über meterhohe zerklüftete Salzrücken ein unregelmäßiges Netzwerk bilden.

Soweit wir wissen, gibt es im Salzschlick einer echten Kawir keine Spur eines noch so unscheinbaren pflanzlichen oder tierischen Lebens. Noch haben wir das Recht, in diesem Wüstentyp einen *absolut* sterilen Raum zu sehen. Seine größte Ausdehnung hat er in der *Khorasaner Kawir* gefunden, wo er eine Fläche von rund 55 000 Quadratkilometern, also von der Größe von Nordrhein-Westfalen und Hessen zusammen, bildet.

V. Gemäßigte und strenge Wüsten.
Das Wechselspiel ihrer Kräfte

Kein Problem auf dem Gebiet der modernen Wüstenforschung hat so verschiedene Auffassungen gezeitigt, wie die Einteilung der Wüsten in normal- und extremtrockene, und der jugendliche Zweig unserer Wissenschaft zeigt sich nirgends so stark wie bei der Erörterung dieses Fragenkreises. Er soll nur kurz berührt werden.

Wir kommen zurück auf die seltsamen Erscheinungen, denen unser Tourist bei Betrachtung der altägyptischen Denkmäler gegenüberstand und die offenbar mit dem Wüstenklima zusammenhingen. Es waren vor allem Kleinformen wie Krusten, Rinden, Bröckellöcher und andere sehr gewöhnliche Bildungen, die in allen Trockenräumen der Erde anzutreffen sind.

Mit der Zeit stellte es sich aber heraus, daß die merkwürdigen Formen auch weit in Halbwüsten hineinreichen. Ja mehr noch. Hohlblöcke wie an der Chefrenpyramide fand man auch in Korsika, auf den Kleinen Antillen, in Neuseeland und sonst noch mancherorts von den äußeren Tropen bis zu den äußeren Subtropen. Und von Rinden, wie auf Obelisken im Karnaktempel, hatte schon Humboldt aus dem Orinocogebiet berichtet. Nicht nur, daß wir zu zweifeln hatten, ob Rand- oder Kernwüstenphänomene vorliegen, wir wußten nicht einmal, wie weit die Erscheinungen überhaupt für die Wüste charakteristisch sind.

Daß die mächtigen, tief nach abwärts reichenden Kalkkrusten über lockeren Böden für die feuchten Randgebiete der Trockenräume bezeichnend sind, ist erklärlich, denn sie sind an ein wechselvolles Klima mit genügend Niederschlägen gebunden. Anderseits scheint eine bestimmte feine Verkittungskruste über Staubböden ein entscheidendes Merkmal der extrem strengen Wüste zu sein. Wie ist es aber mit den Rinden, die die Gesteine überziehen? Die hauchdünnen Überzüge sollen mehr in den gemäßigten Wüsten vorkommen, während gegen das Herz der Wüste zu die Rindenbildung immer mächtiger wird. Aber wir haben schon Rinden aus den Tropen erwähnt, und die Voraussetzung für ihre Bildung scheint nur eine sehr starke Verdunstung zu sein.

Bei den für die Wüsten so wichtigen Vorgängen der Gesteinszerstörung sind die Zusammenhänge auch nicht sicher erwiesen. Im allgemeinen glauben wir, daß in der strengen Wüste die Hohlblockbildung aufhört und die Entwicklung hier mehr in der Richtung auf eine Vergrusung führt. Tatsächlich scheint sich die auch außerhalb der Wüsten vorkommende Hohlblockbildung ebenso wie die Wabenverwitterung an örtlich bedingte Trockenheit, Salzstaub, Wind und wiederholte Benetzung und Wiederaustrocknung zu knüpfen. In strengen Wüsten dürfte neben der nur oberflächlich wirkenden Temperaturverwitterung die tiefergreifende Gesteinsaufbereitung durch Kernsprünge besonders häufig sein. Anderseits ist wieder festgestellt worden, daß aus Feuchtigkeitsmangel in den trockensten Wüsten Salzsprengung zurücktritt. Als bezeichnend für die strenge Wüste kann sie auf keinen Fall gehalten werden; schon das Aussehen der altägyptischen Denkmäler spricht dagegen, denn sie stehen im verhältnismäßig feuchten Niltal.

Aber es sind nicht nur Erscheinungen wie die eben erwähnten, bei denen unsere Kenntnisse versagen, wenn wir versuchen, Gesetzmäßigkeiten des Formenschatzes gemäßigter und strenger Wüsten zu erforschen. Grundsätzliche Meinungsverschiedenheiten bestehen über die Rolle, die die zwei mächtigsten Faktoren

52

der Landschaftsgestaltung spielen, der Wind und das Wasser. Wie treten sie in den Wüsten mit ihren vielfältigen Abstufungen der Trockenheit in Erscheinung? Es soll davon noch die Rede sein.

Es ist verschiedentlich versucht worden, gemäßigte von strengen Wüsten klimatisch abzugrenzen. Am einleuchtendsten erscheint der Vorschlag, die normal trockenen von den extrem trockenen Gebieten dadurch zu unterscheiden, daß in den ersteren regelmäßige Niederschläge, in letzteren nur gelegentliche, im einzelnen aber oft katastrophale Regen fallen. Die Erscheinung kann freilich nur dann beobachtet werden, wenn ein langer Aufenthalt in der Wüste die Registrierung der meteorologischen Daten ermöglicht. Heute neigen wir dazu, bei der Unterscheidung gemäßigter von strengen Wüsten den Gang der Niederschläge weniger zu berücksichtigen und die Höhe der Verdunstung als entscheidendes Merkmal heranzuziehen[1].

Es tut nichts zur Sache, welchen Namen wir der äußersten Trockenwüste geben, ob wir sie „extem arid" nennen oder als „Kern-", „Super-" oder „Extremwüste" bezeichnen[2]. Wir suchen sie dort, wo das Land seine trockenste Entwicklung erfahren hat, wo es mehr als der bloße Wassermangel charakterisiert und die Verdunstung nicht nur die Niederschläge aufzehrt, sondern allenfalls auch Feuchtigkeit im Boden, die unter normalen Verhältnissen nicht zur Verfügung steht, zur Wirksamkeit bringt. Aber auch wenn wir solche Wüsten erfaßt zu haben glauben, merken wir, daß die Vorgänge in ihnen trotz scheinbarer Gleichartigkeit ihres wichtigsten klimatischen Hauptzuges recht verschieden sind.

Wenden wir uns einer strengen Wüste wie der *Namib* zu, so sehen wir, daß mit der Schärfe der Wüste die trockene Abtragung durch den Wind zunimmt. Es werden die Verwitterungsprodukte zerstört und abgeführt, und der Untergrund wird herauspräpariert. Wo die klimatischen Verhältnisse nicht imstande sind, den Schutt abzutragen, kommt es zu Verschüttung und Eindeckung. Beide Vorgänge stehen in stetem Kampf miteinander, und dauernd

---

[1] Nebenbei sei bemerkt, daß trotz der geringen Einwirkung der Humusbestandteile auf die Farbe einer Wüste man doch immer wieder feststellen kann, daß die graue Farbe der gemäßigten Wüsten in gelbliche und rötliche Farben der strengen Wüsten übergeht.

[2] Im französischen Schrifttum ist der Name „Région hyperdésertique" geprägt worden.

wechselt der Vorgang der umbildenden Kräfte. Eine verminderte Wirkung der strengen Klimaverhältnisse äußert sich in Schuttzufuhr, eine gesteigerte Wirkung in trockener Schuttabtragung. Dieses Auf und Ab spiegelt die Schärfe der Wüste wider, und so ist diese schon nach ihrer äußeren Ausgestaltung zu beurteilen.

Wo das Klima nicht allzu extrem ist und es regelmäßig wiederkehrende, wenn auch nur geringe Regenfälle gibt, zeigt die Wüste neben Abtragungsformen von durch Rinnsalen geschaffenen Ausnagungen die Formen von durch Schichtfluten entstandenen weiträumigen Schutteindeckungen. Gibt es Bergstöcke, so liefern sie immer neuen Abfall zur Ausfüllung aller Vertiefungen. Nach allen Seiten schickt das Gebirge Material aus. Mächtige Gesteinströme ergießen sich in alle niedriger gelegenen Teile der Wüste, die einem trockenen Meer von Schutt, Kies, Sand und Ton gleicht. Zerspaltung und trockener Massentransport treten zurück. Es herrscht stärkere chemische Verwitterung. Die Windstärke ist nicht so hoch wie in der extrem strengen Wüste, und man sieht wenig Sandschliff.

Ganz anders der Teil der *Namib*, der seine äußerste trockene Entwicklung erfährt. Hier tritt die chemische Verwitterung gegenüber der mechanischen zurück. Trockene Verwitterung sorgt dafür, daß auch die größten Blockmeere nicht erhalten bleiben. Besonders heftige Ein- und Ausstrahlung beschleunigen den Vorgang der Zerkleinerung. Die Bruchstücke werden zu einer Lesedecke abgetragen und auch diese wird schließlich angegriffen und verweht. Wind und Sandgebläse regieren. Die Wüste wird glattgeschliffen, ausgeräumt und vertieft. Der Sturm fegt mit freigewordenen Verwitterungsteilen ungestüm und klirrend dahin und arbeitet mit seinem Meißel in alles, was sich ihm in den Weg stellt, grillige Formen. Seiner Gewalt ist nur dort Halt geboten, wo es nichts mehr gibt, was er zerstören könnte.

Völlig verschiedene Erscheinungen beherrschen aber in anderen extrem trockenen Wüsten das Bild der Landschaft. In der *Atacama* beispielsweise tritt der Wind als formenbildende Kraft ganz zurück. Eine dünne verfestigte Staubhaut schützt den Boden und konserviert das Oberflächenrelief, das von Niederschlägen her aus einer eigentümlichen engständigen Zerrunsung besteht.

Alles ist mit einem dichten Netz von Spülrinnen und Tälchen zerfurcht, die bis zu der nächsten Regenflut, also oft Jahre oder Jahrzehnte lang, gewissermaßen erstarrt bleiben.

Sehr ähnlich ist es in der *zentralen Sahara* nördlich von Tibesti, wo das Niederschlagsdefizit noch mindestens um die Hälfte größer ist als in der *Atacama*. Trotz dieser äußersten Trockenheit ist das Gelände schon bei schwacher Neigung mit einer Vielfalt von Rinnen und Runsen überzogen. Die enorme Verdunstungsmöglichkeit, die auch die minimalste Feuchtigkeit heranzieht, ermöglicht eine chemische Verwitterung, und der aus der Verwitterung mit Hilfe von Salzen entstandene Staubboden ist durch Verkrustung, die praktisch nirgendwo aussetzt, festgelegt. Der Wind spielt eine ebenso geringe Rolle wie in der *Atacama*.

Das Bild des Formenschatzes der *Atacama* und der *zentralen Sahara* wird ergänzt und abgeändert bei einer Zergliederung der Erscheinungen in der *persischen Südlichen Lut*. Daß auch sie zu den extremst trockenen Wüsten der Erde gehört, steht außer Zweifel, wiewohl genauere Messungen in dem nur sehr schwer betretbaren Gebiet noch fehlen.

In der *Südlichen Lut* wurde das Großrelief vom Sandschliff geschaffen. Wohl einzig in ihrer Art ziehen als Zeugen großartiger linearer Windarbeit 150 Kilometer lange Boulevards zwischen grotesk zerlegten Höhenrücken aus Seelöß. Daß Sand auch heute noch den Boden der Boulevards ausschleift, erkennt man überall an Wetzspuren, Kratzern und Windstichen. Das Material bezieht der Wind von kleinen Wanderdünenzügen, die locker verteilt, am Grund der etwa 100 Meter breiten Boulevards dahinziehen. Hier sieht es aus wie im strengsten Abschnitt der *Namib:* es ist eine unruhige, vom Wind bearbeitete Kleinlandschaft mit Kuppen, Zacken und Graten. Aber die Lößhügel zu beiden Seiten sind unberührt. Hier hat sich während eines Niederschlages ein Schlammbrei über die Oberfläche ergossen. Wir wissen nicht, wann das war; vermutlich ist es sehr lange her, aber die Spuren des Regens haben sich erhalten. Alle Hänge sind mit einem Maschenwerk feiner Furchen geriefelt. Wie in der *Atacama* und der *zentralen Sahara* ist die oberste Schichte verkrustet und das modellierte Relief erstarrt. Es verknüpfen sich also in der Südlichen Lut Formen, wie sie in den oben erwähnten strengen Wüsten auftreten.

Wir kommen zu einem überaus verwirrenden Ergebnis von den Hauptzügen der Oberflächengestaltung in extremen Wüsten und den Kräften, die sie erzeugen.

Es klingt befremdlich, daß in besonders strengen Wüsten Wasser eine stärker formende Kraft haben soll als der Wind. Aber nicht nur das. Es soll hier durch Wasserwirkung sogar das Landschaftsbild den reicher beregneten Randgebieten der Wüste ähneln. Hängt dies vielleicht mit der Wucht des Fallens episodischer Regen zusammen? Nicht weniger verwunderlich ist die Wirkung des Windes in extremen Wüsten. Sie soll sogar geringer sein als in Halbwüsten. Einig sind sich alle Forscher darin, daß die Luftmassen in strengen Wüsten weniger getrübt sind als in gemäßigten; in dem einen Fall, weil das Feinmaterial durch Verkittung nicht flugfähig ist, in dem anderen Fall, weil es fortgeweht wurde[1].

Bei einer Analyse des Formenschatzes in strengen Wüsten sehen wir *einmal* als entscheidendes Merkmal die Staubbildung mit einer Bodenverkrustung der obersten Schichten und ein durch rinnendes Wasser erzeugtes Relief der Oberfläche, die der schwache Wind nicht zu zerstören vermag; *dann wieder* Ausblasung und Entstaubung und keine Spur von Erosionsfurchen.

In welcher Richtung entwickelt sich also der Formenschatz in einer Wüste mit besonderer Verdunstungskraft? Welche Bildungen charakterisieren die strengsten Wüsten?

Ist hier der Zustand der fast völligen Formenruhe eingetreten, so daß sich gar nicht trennen läßt, was älter und was jünger ist? Oder wird dauernd umgestaltet und weitergearbeitet, bis alles bis auf das Skelett abgenagt ist? Ist die vom Wind beherrschte oder die verhältnismäßig windstille, unter einer dünnen Haut erstarrte Wüste der Typus in einem besonders trockenen Klima? Die Frage ist, wie weit dieses überhaupt imstande ist, bezeichnende Formen zu entwickeln.

Wir haben gesehen, wie extreme Klimaverhältnisse kaum sonst irgendwo so stark wie in der Wüste ihre Wirkungen ausüben. Aber bei der Erfassung des klimatischen Anteiles am derzeitigen

---

[1] Jedem Reisenden fällt in strengen Wüsten auf weiträumigen gepanzerten Flächen der unerreichte Reichtum an Licht auf. Sobald die Spiegelungen nachlassen, nimmt man hier Einzelheiten auf erstaunlich große Abstände auf.

Formenschatz ist zu berücksichtigen, daß auch die Erdkruste vielleicht mehr als in irgend einer anderen Zone Einfluß auf die Entwicklung der Landformen hat. In die Zusammenhänge zwischen Klima und Ausgestaltung der Oberfläche im Wüstenbereich Einblick zu bekommen, ist offenbar schwieriger als wir dachten. Bei der Deutung der Formen müssen neben dem Klima auch alle Kräfte und Vorgänge im Auge behalten werden, die mit der Zusammensetzung und dem Aufbau des Gesteines zu tun haben, und beides ist bei einer Ordnung in gemäßigte und strenge Wüsten zu berücksichtigen.

VI. Die Schrecken und die Herrlichkeiten der Wüste

Der wissenschaftlichen Forschung kommt die Darstellung der Schrecken und der Herrlichkeiten der Wüste und ihrer Wirkung auf den Menschen zunächst nur bedingt zu. Doch muß etwas darüber gesagt werden, denn zu eng ist der Gegenstand mit den Vorgängen im toten Raum verbunden und zu tief die Erschütterung des Besuchers. Die Wüste packt mehr als jede andere Landschaft auf der Erde.

Der Neuling mag zu ihr keine andere Beziehung als Furcht gewinnen. Er sieht sich verloren in der Weite und spürt den schrecklichen Würgegriff der Wüste. Weit weg ist die Welt der anderen Menschen; jeder Zusammenhang mit ihnen ist gelöst; längst ist die Grenze überschritten, innerhalb der man sich sicher fühlte. Das Leben ist sehr klein geworden in der Endlosigkeit ringsum.

Etwas Böses liegt in dem Land. Alles sieht so bedrohlich aus.

Wie viele Tage sind wir schon unterwegs auf flach gewellter *Seghir*, aber nichts hat sich geändert, so sehr wir auch vorwärtseilen. Werden wir nie aus dem Bannkreis dieses unbewegten Ozeans herauskommen? Immer bleibt man im Mittelpunkt einer Scheibe, deren Horizont dauernd zu fliehen scheint. Nur der Stand der Sonne wechselt und die Kraft des Lichtes. Erst lagen die Schatten rechts von uns, nun sind sie links, doch sonst ist alles gleich geblieben. Kleine Steine, säuberlich ausgebreitet, scheinbar bis an das Ende der Welt; wo sie poliert sind, glänzen sie wie Perlmutter. Wie ein Alpdruck lastet die Wüste auf uns.

Oder wir sind in eine *Hamada* geraten, in eine jener besonders schlimmen Wüstenformen, wo sich vulkanische Ausbrüche großen Ausmaßes über die Oberfläche ergossen und eine Decke gebildet haben, die im extremen Klima zertrümmert wurde (Abb. 17). Nie wird jemand, der je ein solches Inferno kennenlernte, es wieder vergessen. Hier läßt sich zwischen dem scharfkantigen schwarzen

Abb. 17. Blockhamada in der *Libyschen Wüste*. Entstanden aus dem durch Verwitterung bedingten Zerfall einer Basaltdecke unter Ausblasung des hierbei gebildeten Feinmaterials. (Phot. GABRIEL)

Schutt nicht mehr zielbewußt eine bestimmte Richtung einhalten; hier treibt man dahin und dorthin je nach der Lage der Trümmer, wo es gerade ein Durchkommen gibt. Ab und zu ragen zwischen den durcheinandergerüttelten Blöcken, die Ambossen oder Schloten gleichen, zerstörte Miniaturvulkane mit erloschenen Kratern in die Höhe.

Auch kahle lockere *Dünenmeere* bieten Schrecken genug. Hier ist man wie auf hoher See im Sturm. Ein maßloses Gewelle brandet uns entgegen. Nichts als schwingende Linien, die sich in der Unendlichkeit verlieren. Wie mühsam ist das Weiterkommen! Von jedem Sandberg, der keuchend erklommen ist, sieht man neue Wogen von morgens bis abends. Platzangst kann den

Reisenden befallen, wenn er weiß, daß es noch tagelang so weitergeht (Abb. 18).

Es gibt Wüsten, deren Gelände noch schlechter, für Kraftwagen überhaupt nicht und für Tiere kaum zu bezwingen ist. Wo *Sandgebläse* in *weichen Schichten* wütet, entstehen, wie wir gesehen haben, die seltsamsten Formen. Nicht immer sind es „Wüstenstädte". Es gibt einzelstehende Lehm- und Tongebilde, die wie

Abb. 18. Dünenwüste im *südpersischen Trockengürtel*. (Phot. Gabriel)

Wächter auf das Trüpplein Menschen und Tiere herabstarren, das sich in dieses Reich gewagt hat. Die Einbildungskraft kann aus jedem dieser Klötze Ungeheuer machen, einen Tier- oder Menschenleib. Dann kommen trotzige Bollwerke, dann wieder Säulen und Pyramiden. Aus vielen Gebilden erheben sich drohend Riesenfinger (Abb. 19). Oft stehen die Formen eng nebeneinander. Es geht steile Hänge auf und ab, die Kamele nicht bezwingen können; man findet keine richtigen Durchlässe und gerät in ein Durcheinander von Irrgängen.

Aber sind nicht die Schrecken der *Salzwüste* am fürchterlichsten?

In der Kawir ist eine vom Regen überraschte Karawane verloren, wenn es ihr nicht gelingt, in Kürze das feste Ufer zu erreichen. Während Niederschläge in anderen Wüsten die größte Wohltat sind, sind sie hier der größte Feind, da sich dann das

Land in wenigen Augenblicken in ein greuliches Moorbad verwandelt. Und doch kann man Kawirreisen meist nur in der feuchten Jahreszeit antreten, da sonst die Hitze untertags zu groß ist. Es sind Fälle bekannt, wo Tiere und Lasten zurückgelassen werden mußten und die Menschen im aufgeweichten Sumpf allein weiterkämpften, um ihr nacktes Leben zu retten.

Abb. 19. Wilde Erosionslandschaft in der Wüste von *Schahdad* (Persien). (Gez. GABRIEL)

Die ärgsten Schrecken birgt die Kawir in der „Kaseh", wo die spröde steinharte Oberfläche voller Höcker und Wülste ist, die Löcher und Gänge durchbohren. Man bricht durch die Decke und tritt in Höhlen von der Größe eines stattlichen Fuchsbaues. Manchmal sieht der Boden aus, als ob er aus großen geplatzten Blasen bestünde, und nirgends lassen sich die Füße setzen. Auch gleitet man unausgesetzt auf einer oberflächlich ausgeblühten, durch wasseranziehende Salze feucht gehaltenen Haut aus. An Stellen haben sich Platten meterhoch abgehoben und aufgerichtet wie beim Eisstoß. Zwischen den Höckern und Graten, Klüften und Schründen ist kein Plätzchen zum Lagern. Wie ein Heer aufgerissener Drachenmäuler starren uns Höhlen entgegen, und Salzstalaktiten, die von der Unterseite der Tonplatten herabhängen, sehen wie große Zähne aus (Abb. 16).

In der Kaseh ist es kaum möglich Boden zu gewinnen, und doch kann der Fall eintreten, daß es für eine Umkehr zu spät ist. In solchen Lagen lernt man die Kamele schätzen und lieben. Mit einer unbeschreiblichen Geduld suchen sie sich ihren Weg, trotzdem sie dauernd in den Grund einbrechen und stolpern. Sie halten Gleichgewicht, so gut sie können. Ihre Füße bluten, und die Spur der Karawane ist rot gesprenkelt.

Das erzählende Schrifttum über Wüstenreisen weiß im allgemeinen nicht viel von den Schrecken dieser Geländetypen zu berichten, denn man findet sie meist nur weitab in schwer erreichbarer Gegend. Mit Vorliebe werden andere Themen angeschlagen, die die Leserschaft auch erwartet, vor allem das Gespenst des *Durstes* und der *Sandsturm*. Und doch, wie viele Forscher haben trotz jahrelangen Wanderungen in strengen Wüsten keines von beiden erlebt.

Man kann gewiß in gefährliche Lagen kommen, wenn die letzte Wasserreserve in den Ziegenschläuchen zu einer ekelerregenden untrinkbaren Brühe geworden ist, und man wird vor Antritt der Reise sehr sorgfältig alle möglichen Zwischenfälle bei der Wasserversorgung ins Auge fassen. Aber angesichts weideloser Wüste gilt die größere Sorge den Tieren, ohne die wir das Land nicht mehr lebend verlassen können. Es ist leichter, die Wasserration für Menschen mitzuführen, und seien es auch 10 bis 12 Liter täglich pro Mann bei hohen sommerlichen Temperaturen, als das Tierfutter, das auch in trockenem Zustand als Kraftfutter in Form von Gerstenmehl und Baumwollsamen eine zu große Belastung darstellt. Aber sicher sind Kamele immer, sofern man sie nur am Leben erhält; man kommt doch fast überall mit ihnen durch und erlebt keine Pannen. Wo es geländemäßig möglich ist, wird jetzt der Kraftwagen benutzt. In diesem Fall ist die Technik des Reisens eine ganz andere. Mit einem einzelnen Wagen ist jede Unternehmung in der echten Wüste ein Glückspiel.

Der bei den Schilderungen einer Wüstenreise fast unvermeidliche Sandsturm ist in Wirklichkeit selten. Sandstürme kommen meist von nicht weit her. Am häufigsten sind sie naturgemäß zwischen Dünen. Zugeweht und erstickt vom Sand können lebende Karawanen nicht werden, aber unheimlich sind Dünen im Wind immer. Zunächst rieselt es nur verdächtig von den

Kämmen der Sandhöhen herab, und diese oder jene Spitze ist von einem dampfenden Schopf gekrönt. Plötzlich ist es aber, als ob lauter kleine Vulkane uns umgeben würden; alle Dünen rauchen, und dichte Sandfahnen flattern von den Oberkanten über das Land hinaus. Wie Gischt strömt es von riesigen Wellen. Alles scheint zu leben, und die Welt ist in einen brodelnden Hexenkessel verwandelt.

Viel häufiger als Sandstürme sind *Staubstürme*. Die Wüsten sind die ergiebigsten Staubquellen der Erde. Wie Riesenbrände heben sich die Staubmassen hoch und schreiten langsam über Ebenen und Gebirge dahin. Erst verschwindet alles in einem glühenden Nebel, und dann wird es ganz dunkel. Es gibt Augenblicke, in denen es pechschwarz wird, so daß man die Finger vor dem Gesicht nicht zählen kann. Im Herzen des Staubsturmes setzt das begleitende Geprassel von Sandkörnern meist plötzlich aus, und ein seltsames Raunen hebt an. Man fühlt sich sehr beklommen und kann schwer atmen.

Dann ist wie mit einem Zauberschlag alles vorbei. Der alte klare Sturm ist wieder da, und die Sonne kann erneut mit ihrer Herrschaft beginnen. Doch ist es nicht die gleiche Sonne, der wir im trüben Norden nachfahren nach dem Süden und zum Meer, sondern ein unerbittliches Himmelsfeuer, das alles erfüllt, uns im Nacken packt und ängstigt. Was lebt, schrumpft unter dieser entsetzlichen Sonne zusammen. Die Haut wird wie Pergament, die Nägel bersten, die Kehle trocknet aus, die Lippen springen und die Lider werden wund. Es gibt nirgends ein Fleckchen Schatten außer dem, den wir selbst werfen, und nur eine offene Zeltplane, die notdürftig zwischen den Gepäckstücken gespannt ist und Luft zuläßt, kann von dem Übermaß an stechendem Licht Linderung verschaffen.

Aber dann heißt es noch, sich vor dem Sturm zu schützen, den es fast immer in der Wüste gibt, und der Kampf gegen ihn steht mit der Schattenlosigkeit unter den Schrecken der Wüste obenan. Es ist schwer, sich eine Wüste ohne Wind vorzustellen. Jede Wüste ist schon deshalb ein Sturmzentrum, weil die Luftströmungen über den erhitzten Flächen nach oben und allen Seiten abzuströmen versuchen und daneben fremde Luft, dem Inneren der Wüste zustrebend, eindringt. Von allen Wetterbestandteilen sind lang anhaltende Winde am schwersten zu ertragen. Sie zerren an den Nerven und sind immer ermattend in der Hitze wie in der Kälte.

In manchen Wüsten toben zu bestimmten Jahreszeiten ohne Unterlaß Luftmassen aus wolkenlosem Himmel wie wahnsinnig dahin. Wenn sie feine Gesteinspartikelchen mit sich führen, entstehen durch ihr Aneinanderreiben elektrische Entladungen, und man kann Funken aus Decken und Kleidern ziehen. Bisweilen treten auch magnetische Störungen auf, die beim Navigieren für den Motorwagen gleich gefährlich sind wie für das Flugzeug.

Zu den Luftmassen, die in der Horizontalen über den Boden fegen, kommen untertags die, die sich wie von einer glühenden Ofenplatte von unten nach oben schrauben. So entsteht das Geflimmer, das uns den Kopf ganz wirr macht und das *Spiegelungen*, die in heißen Wüsten die Regel sind, nicht zur Ruhe kommen läßt.

Ein Lieblingsthema in Büchern über Wüstenreisen ist die Fata Morgana. So wie sie meistens dargestellt wird, als Erscheinung, die dem verschmachtenden Reisenden herrliche Quellen und Oasen am Himmel vorgaukelt, gibt es sie nicht. Wohl kommt eine Art von Luftspiegelung vor, die unter bestimmten Bedingungen, wahrscheinlich durch sprunghafte Abnahme der Luftdichte nach oben, für kurze Zeit am Abend und am Morgen knapp *über* dem Horizont das Land sichtbar werden läßt, das oft noch 50 oder 100 Kilometer weit entfernt ist. Die Wüstenleute sprechen von dem „Land, das sich auf den Kopf stellt". Das Phänomen ist nur für wenige Fälle verbürgt und jedenfalls außerordentlich selten. Der Verfasser erlebte es auf allen seinen Wüstenreisen nur ein einziges Mal.

Im Gegensatz zu dieser Spiegelung nach oben sind die gewöhnlichen Spiegelungen der Wüste nach *unten*. Voraussetzung ist, daß die untersten Luftschichten wärmer, also dünner sind als die darüberliegenden. An der Grenze zwischen warm und kalt werden die Lichtstrahlen so gebrochen, daß die Gegenstände in einer Wasserfläche, die das Spiegelbild des Himmels in der Grenzschichte ist, reflektieren.

Die Spiegelungen erzeugen Pfützen und Seen, machen aus Steinen Blöcke und Hügel, und aus Grasbüscheln Wälder. Sie ziehen die Spitzen von Unebenheiten zu langen Schornsteinen aus, die Kappen bilden und wieder mit der Unterlage verschmelzen. Man geht am Ufer von Wasserflächen, auf denen aufsteigende Luftlinsen den Eindruck des Wellenschlages hervorrufen. Will man ganz an den

See heran, dann ist er im Augenblick vertrocknet und läßt nichts zurück als platte graue Steine. Der Araber spricht vom Bahr-esch-Schaitan, dem „Meer des Teufels", und hier kann man leicht fehl gehen und tut gut, sich des Sprichwortes der Eingeborenen zu erinnern, daß man in der Wüste nur *einen* Fehler machen kann.

Je mehr die Glut des Tages zunimmt, desto enger wird der Kreis der Spiegelungen, und schließlich wogt alles rund umher. Wo die aufwärts gerichtete Luftbewegung in lockeren Grund greift, reißt sie ihn mit, und es entstehen *Staub-* und *Sandhosen*, die wie der Rauch von Lagerfeuern oder als lange schmale Schläuche in den Himmel ragen. Toll um sich selbst drehend, tanzen diese Gebilde wie Gespenster durch die Wüste, und es nimmt nicht Wunder, daß die durch die unheimliche Umwelt in Angst versetzten Wüstenkinder in ihnen Geister sehen.

In fast allen Wüsten der Erde lebt der *Geisterglaube*. Als Marco Polo durch die *Lob-Nor-Wüste* zog, schrieb er in sein Tagebuch:

„Wenn Reisende in der Nacht auf dem Marsch sind und einer von ihnen etwa zurückbleibt oder einschläft und dann versucht, seine Reisegesellschaft wieder einzuholen, hört er Geister sprechen und glaubt, es seien seine Gefährten. Bisweilen rufen die Geister ihn beim Namen, und so, heißt es, wird ein Reisender oft in die Irre geführt werden, so daß er nie seine Gefährten findet. Auf diese Weise sind viele verloren gegangen. Auch am Tage hört man diese Geister sprechen. Bisweilen soll man die Töne von einer Menge verschiedener Musikinstrumente vernehmen und noch öfter den Klang von Trommeln. Wenn man diese Reise unternimmt, ist es daher üblich, daß die Reisenden sich dicht beisammen halten."

Zweifellos hat Marco Polo selbst so manche der wunderlichen und rätselhaften Laute gehört, die die sonst beklemmend lautlose Wüste erfüllen können. Gesteine zerspringen mit lautem Knall, und polternd kollern dann die Bruchstücke über Schluchtenwände hinunter. Der Wind seufzt und stöhnt in ausgewitterten Felshöhlen und braust fauchend über Dünenkämme. Brummend gleiten Sandlawinen von überhöhten Barchanen ab. Wenn nach Sonnenuntergang die Sandkörner durch die Abkühlung aneinanderreiben, dann klingen die Dünen ganz leise und singen ihr „Abendlied". Es gibt auch den sogenannten „Singenden Sand", der kurz und laut zu brüllen vermag, eine Erscheinung, deren Wesen nicht geklärt ist.

64

Daß in der aufgescheuchten Phantasie des Reisenden in der
Wüste Geister ihr Spiel treiben, ist nicht erstaunlich, um so mehr
als auch das Gelände, wie wir schon verschiedentlich gesehen
haben, wirklich äußerst auffällig gestaltet sein kann. Bei manchen
Gebilden ist es, als ob ein sehr moderner Bildhauer am Werk
gewesen sei, und man kann manchmal nicht entscheiden, ob

Abb. 20. Einzelstehender Lehmturm am Ausgang der *Südlichen Lut* (Persien).
(Phot. GABRIEL)

Menschenhand mitgearbeitet hat oder nicht (Abb. 20). So gehen
Erzählungen, wie sie MARCO POLO vor nun fast 700 Jahren hörte,
auch jetzt noch in gleicher oder abgewandelter Form in der
Wüste um.

Man glaube nicht, daß wir heutigen Europäer von diesem Gei-
sterglauben unberührt bleiben. Niemand kann sich dem Einfluß
entziehen, den die Wüste auf seine Psyche ausübt. Es ist das be-
drückende Gefühl vollkommener Leblosigkeit in weitem Umkreis, das so empfindlich macht. Eine verirrte Eidechse, eine vom
Wind verschlagene Heuschrecke, eine Fliege, die wahrscheinlich

65

im Gepäck gereist ist, irgend ein zufällig auftretendes Lebewesen in der mondhaften Einsamkeit kann ganz verstören.

Hochgradige Erschöpfung nach Entbehrungen vermag ein schon durch Schrecken vorbereitetes Gemüt so weit zu zerrütten, daß es zu plötzlich ausbrechendem *Irrsinn* kommt. Erfahrene Führer beginnen dann im Kreise umherzugehen, auf keine Fragen und Zurufe mehr zu hören, und gehen bisweilen kläglich zugrunde.

Die Wüste kann von unerbittlicher Grausamkeit sein. Das Leben in ihr ist ein rücksichtsloser Kampf mit erschöpfenden Ritten, Fußmärschen und Autofahrten, und alles ist eingestellt auf eine unmenschliche Natur. Man wird hier nie, auch nicht in fernster Zukunft, ein Naturschutzgebiet anlegen müssen, um die *Schönheiten der Erde* vor ihrer Vernichtung zu bewahren. Es ist ein beruhigender Gedanke, daß es immer ausgedehnte Räume geben wird, die unberührt von Motorenlärm und Menschengewimmel sein werden. Die große Stille wird erhalten bleiben, die nur Laute der Natur unterbrechen können, und keine Lichtreklamen werden nachts das Licht der Sterne verdrängen.

Wenn der schwere Tag vorbei ist, die grelle Lichtfülle endet, der Sturm abflaut und die Umstände eine Abendrast erlauben, dann kommt die herrliche Zeit um den Sonnenuntergang, wenn die Dämmerung leise niedersinkt. Jeder Wüstenreisende kennt diese kostbaren und seltenen Augenblicke.

Lang ausgestreckt auf dem Wollteppich, dem ganzen Luxus der Wandervölker und dem Trost für ihre Augen, die immer nur öde Wildnis sehen, blickt man in den klaren Abend hinaus und sieht der blendenden Schaustellung zu, die das sinkende Tagesgestirn vorführt. Über den ganzen Himmel hin ziehen gloriose Strahlenfächer in Pupur und Gold, aber jäh versinkt die Orgie des Leuchtens, zu der sich das Farbenspiel gesteigert hat, und alles ist plötzlich grau in grau. Dann bleibt nichts anderes zu tun, als sich dem Zauber des Lagerfeuers hinzugeben, und ist es erloschen, aufwärts zu schauen und den Gang der Gestirne zu verfolgen. In strenger Wüste, wo die Bodenoberfläche für den Wind unangreifbar geworden ist, treibt keine Dunstwolke, und darum glänzen die Sterne hier in nie geahnter Helle, sobald sie über dem Horizont aufgetaucht sind.

In solchen Stunden wird die Wüste weitab vom Jagen unserer Gesellschaft zu einem Gebiet *geklärter Schau,* wo der Mensch sein

Inneres und seine Umwelt aller Äußerlichkeiten entkleidet. Es wird manches bewußt, was bis dahin nie erkannt und erfahren wurde. Die Einsamkeit der Wüste läßt nicht verkümmern, sondern sich entfalten, und vielleicht schwebte dies Sven Hedin vor, dem der Ausdruck zugeschrieben wird: „Jedermann braucht etwas Wüste.“

Es herrscht in der Wüste, die allem, was lebt, den schrecklichsten Kampf um das Dasein aufzwingt, ein *Frieden* ohnegleichen, der auch den Unbändigsten andächtig macht. Darum sind auch so viele Grübler und Denker in den toten Raum gezogen, um hier Verinnerlichung ihres Seelenlebens zu erfahren. Nicht nur die großen Zerstörer sind aus der Wüste gekommen, sondern auch die großen Erzieher. In der Entwicklung der Religionen von Moses über Christus bis Muhammed hat die Wüste ihre Rolle gespielt. Es scheint, daß keine andere Umwelt eine so tief begründete Frömmigkeit erzeugt. „Ich bin ganz allein durch die Dünen gewandert, und nur Gott war mein Begleiter“, so hört man die Menschen der Wüste erzählen.

Es hat etwas Rührendes, wenn man tief in der Wüste auf uralte Klosterruinen, Einsiedlerhöhlen oder Felsenmönchszellen stößt, die ein beredtes Zeugnis ablegen, wie stark der Hang des Menschen nach Beschaulichkeit ist. In der Wüste haben Propheten einen neuen Weg zu Gott finden wollen; Heilige haben nach Erkenntnis und Büßer nach Läuterung gerungen. Keine andere Landschaft vermag wie die Wüste dem Menschen das Gefühl zu vermitteln, welch ein flüchtiger Gast er auf der Erde ist und welch armseliges Bild der Vergänglichkeit. So ist die Wüste immer wieder ein Zufluchtsort derer geworden, die von dem Hasten der Welt abgestoßen waren. Wie viele fromme bedürfnislose Anachoreten zogen in die Wüste und fanden dort ihr stilles Grab! Wir finden sie im Christentum wie in den orientalischen Religionen, und heute noch gibt es weltferne christliche Klöster am Roten Meer, in Sinai und anderwärts tief im fanatisch islamischen Kulturkreis.

Die echte Wüste wird nie das Reiseziel des Globetrotters werden, weil sie nicht von Hotel zu Hotel bereist werden kann. Sie enthüllt auf einer einfachen Touristenfahrt wenig von ihren Schrecken und nichts von ihren Herrlichkeiten.

Erst wenn man verzweifelt durch Wind und Einsamkeit hindurchgegangen ist, wenn man sich tage-, wochen- und monatelang

durch Staub und Hitze gekämpft, Tag für Tag die glühende Leere
des Himmels erlebt und nichts anderes mehr ersehnt hat als ein
winziges Plätzchen Windstille und Schatten, dann wird die Wüste
mit ihrem anscheinend immer gleichen Bild von Tod und Zerstörung eine Urlandschaft, die mit den einfachsten Mitteln die
stärksten Wirkungen erreicht und oft von großer, mit nichts zu
vergleichender Schönheit ist.

Abb. 21. „Weißes Salz“ in der *Großen Kawir* (Persien). (Phot. GABRIEL)

Es gibt unendlich viele Wüstenbilder, die zutiefst ergreifen.

Wer die verlorene Größe der *Khorasaner Kawir* dort gesehen,
wo sie rot wie Blut oder schwarz wie Kohle ist, je nach Farbe der
Schlammströme, die von den letzten, im Salzton ertrinkenden Ver-
zweigungen der Gebirgsbruchstücke wie von verlorenen Klippen
im Ozean in die unabsehbar weite Ebene fließen; oder wer im
Herzen des phantastischen Salzsumpfes auf dem „Weißen Salz“
gestanden, das sich wie eine Eisfläche dehnt, in Licht gebadet aber
doch von einer Grabesstimmung umweht; der fühlt die „Pracht
der Erde vor der Schöpfung der Lebewesen“, und die Augen gehen
ihm auf, nicht für eine abstoßende Welt des Grauens, sondern auch
für eine voller Herrlichkeiten (Abb. 21).

VII. Das Leben in der Wüste
Pflanzen und Tiere

Hieß der letzte Abschnitt „Die Schrecken und die Herrlichkeiten der Wüste", so müßte der vorliegende eigentlich „Die Wunder der Wüste" lauten, denn Wunder über Wunder tut sich auf, und wir verlernen das Staunen nicht, wenn wir versuchen, dem Rätsel des Lebens der Pflanzen und Tiere in der Wüste nachzugehen und die Mittel zu erforschen, mit denen hier der Krieg gegen die Trockenheit und alle anderen todbringenden Begleiterscheinungen des Klimas geführt wird. Zwei Regionen, die des ewigen Eises, wo die Sonnenstrahlen zum Schmelzen nicht hinreichen, und die Wüsten, in denen die Sonnenstrahlen zu viel des Guten tun, sind es, die es der Pflanzen- und Tierwelt ganz besonders schwer machen, von dem Boden Besitz zu ergreifen.

Könnten wir die Oberfläche so mancher leerer Einöden, auf der wir, so weit das Auge reicht, nur Stein und Sand und Ton sehen, wie mit Röntgenstrahlen auf Leben durchleuchten, wir würden vielleicht ein Wurzelgeflecht finden, oder Knollen, Zwiebeln und Samen; wir würden vermutlich auch Kleinlebewesen entdecken in Larven, Puppen oder Eiern, oder selbst größere Tiere, die in Schlaf verharren. Alles wartet auf den erlösenden Regen.

Ballen sich dann Wolken zusammen, keine gelben und rötlichen, die nichts anderes als die Vorläufer von Stürmen sind, sondern echte Wolken aus Wasserdampf, dann kann es sein, daß die Regentropfen, die fallen, verdampfen, ehe sie die glühende Erdoberfläche erreicht haben, oder daß sie auf ihr versprühen wie auf einem heißen Herd. Aber einmal wird es doch sein, daß der Boden durchfeuchtet wird. Die ersten Niederschläge werden nur das Salz, das in der langen Trockenheit auskristallisierte, auflösen; die nächsten werden es wegführen, und dann wird endlich süßes Wasser alles Leben wecken, das im Boden schlummert.

Es kommt nur in sehr strengen Wüsten vor, daß wir tagesreisenweit keiner lebenden Pflanze begegnen. Öfter wird es sein, daß ein Tag nach dem anderen vergeht, ohne daß man ein *Tier* zu Gesicht bekommt. Und doch sind wir vorsichtig geworden, von einer absoluten Wüste in biologischem Sinn zu sprechen, denn auch in

Trockengebieten, in denen es anscheinend noch nie eine Pflanze oder ein Tier gegeben hat, fand man in vom Wind zerriebenen und zusammengewehten organischen Resten Kleinlebewesen, und es wurde festgestellt, daß Sporentierchen in völlig ausgetrocknetem Sand bis zu 17 Jahren nicht starben. Es kann über Nacht in der Wüste ein von Leben wimmelnder seichter See zu einer dem unbewaffneten Auge völlig steril erscheinenden Tonfläche austrocknen, in der eingebettet eine Unzahl kleiner Tierchen liegen, die, wie beispielsweise Blattfüßerkrebschen, als Eier durch langjährige Trockenheit kommen. Nur im Salzboden einer Kawir können wir uns Leben kaum vorstellen. Es ist oben darüber berichtet worden.

Wer die Wüste nicht kennt und durch die kahle Hamada reist, die nackte Seghir quert und in wüster Felsenwildnis umherklettert und dann plötzlich in ein blütenreiches Trockental kommt, das der würzige Geruch von Wermutbüschen schon von weitem verrät und in dem die Luft erfüllt ist von dem Summen von Insekten, der ist ganz verblüfft und möchte nicht glauben, daß er sich in einer „echten Wüste" befindet. Alles hängt davon ab, wo und wann Niederschläge fallen. Das gleiche Tal, in dem jetzt alles blüht und lebt, kann jahrelang wieder tot sein. So sind auch die widersprechenden Schilderungen zu erklären, die Reisende aus gleichen Wüsten geben.

Wenn Regen, und seien sie noch so spärlich, regelmäßig in die Wüste einwandern, dann sind Pflanzen und Tiere, die hier leben, meist ausdauernd. Es sind Kämpfer, die den Klimaunbilden einer langen Dürrezeit standhalten, die dem Wind und der Sonne trotzen und vermöge ihrer Bauart und ihren Lebensgewohnheiten bis zur wiederkehrenden besseren Jahreszeit durchhalten. Anders in Wüsten, in denen Regen ganz unberechenbar sind. Auch wo nur fallweise eine Befeuchtung zustande kommt, kann es zu einer Pflanzenwelt kommen, die meist rasch ein Tierleben nach sich zieht, aber bei dieser Flora und Fauna sammelt sich alle Vorsorge der Natur gegen die Trockenheit fast nur in den Samen und den Eiern, die von ungeahnter Dauerhaftigkeit sind.

Eine „Frühlingstriftwüste" kann alljährlich in nicht zu strengen Trockenräumen erwartet werden; eine richtige „blühende Wüste" aber taucht dieses Jahr hier, das nächste dort auf und versteckt sich in unermeßlich weiten nackten Räumen. Auch erfahrene Wüstenreisende haben sie mitunter nie gesehen, denn sie ist sehr vergänglich. Ein einziger heißer Sturm kann sie vernichten, und mit der ganzen Pracht ist es dann in wenigen Stunden vorbei.

Pflanzen und Tiere der „blühenden Wüste" sind zart und wenig widerstandsfähig, und gerade sie leben unter den extremsten Bedingungen. Die flüchtigen Regenpflänzchen sind oft winzig, bisweilen nur 1 bis 2 Zentimeter hoch. Ihre Wurzeln dringen nur in die oberflächlichsten Bodenlagen ein. Die Pflanzen sind meist schwarmweise verteilt, wie der Wind, der große Sämann, sie ausgestreut hat. Oft leuchtet der feine Blütenschleier in den schönsten Farben. Stürmisch wird der Lebenslauf durchjagt; das Keimen, Blühen und Fruchten geschieht innerhalb nur weniger Tage.

Eine Tierwelt ist da, kaum daß die Pflanzen zu sprießen beginnen. Erst greifen die Blattfresser an, Raupen, Schnecken, Käfer. Wenn die Blüten sich öffnen, schwirren plötzlich Bienen, Wespen, Motten. Hat die Sonne die „blühende Wüste" zur Strecke gebracht, dann sind auch die Tiere wieder fort. Vielleicht fliegt noch eine Heuschrecke umher und macht sich an den letzten Pflanzenresten zu schaffen, aber schon ist wieder alles kahl und versengt, und niemand würde glauben, daß auf dem anscheinend sterilen Boden sich ein so herrliches Leben regte.

Die *ausdauernden* Pflanzen der Wüste bilden eine echte Kampfflora, die in allen Lebensäußerungen dem trockenen Raum angepaßt ist. Sie vereinigt in sich die verschiedensten Erscheinungen, die sie über die lebensfeindliche Umwelt triumphieren lassen.

Man braucht kein Botaniker zu sein, um auf den ersten Blick zu erkennen, daß die nicht vergängliche Wüstenvegetation keineswegs nur durch ihre Spärlichkeit sich gegenüber der Pflanzenwelt feuchterer Gebiete auszeichnet. Dadurch, daß die Wüstenpflanzen auf einen ganz anderen Lebenshaushalt eingerichtet sind, sind sie auch in ihrer äußeren Gestalt durchaus eigenartig. Es besteht eine weitgehende Übereinstimmung in ihrer Ausrüstung, die systematisch weit entfernte Gruppen einander ähnlich machen. Die Ähnlichkeit (Konvergenz) ist geboren aus der Notwendigkeit, gleichen Gefahren mit gleichen oder ähnlichen Waffen zu begegnen.

Die besonderen Anpassungen der Wüstenpflanzen betreffen Gestalt und alle Gewebe; sie sind von großer Vielfalt und oft durchforscht und beschrieben worden.

Nicht unmittelbar zu sehen sind die auffallende Entwicklung der Wurzeln und die hohen Werte des osmotischen Zelldruckes, womit jede Feuchtigkeit aufgesogen und in der Pflanze zurückgehalten werden kann. Unter den Pflanzen, die mit ihren Wurzeln besonders tief in den Boden eindringen, um das Grundwasser heraufzuholen, seien die sehr verbreiteten Tamarisken erwähnt. Man hat beim Bau des Suezkanals Ausläufer von Tamariskenwurzeln noch in 30 Meter Tiefe gefunden. Meister der horizontalen Wurzelentwicklung sind die Gräser, und dies besonders in Dünen. Ein Netzwerk von Wurzelsträngen, die waagerecht oft mehrere hundert Meter dahinlaufen, sind oft nur dazu benötigt, ein *einziges* kümmerliches Gewächs am Leben zu erhalten.

Bei der oberirdischen Pflanze kommt zu dem Kampf gegen die Wassernot noch der gegen die Strahlung und den Wind. Es wird alles getan, um die Verdunstung einzuschränken. Stengel, Zweige und Blätter werden in die kleinste Fläche eingeschlossen und möglichst eine Selbstbeschattung herbeigeführt. Blätter wandeln sich zu Dornen oder Schuppen um; sie rollen sich ein, verdicken die Oberhaut oder schließen sich von der Außenwelt durch einen Wachsüberzug oder eine filzige Behaarung ab. Gegen Wind und Sand wird ein besonders festes und biegsames Skelett ausgebildet. Die Pflanzen, die nicht mit dauernder Grundfeuchtigkeit, aber mit einer sicheren Regenzeit rechnen können, legen Wasserreserven in Blättern, Stämmen und Wurzeln an. Weit verbreitet in der Wüste sind die Salzpflanzen, die hohe Salzmengen nicht nur vertragen, sondern auch zur normalen Entwicklung brauchen. Meist erkennen wir sie schon von weitem, denn sie sind nicht aschfahl und grau, wie gewöhnlich die ausdauernden Wüstengewächse, sondern haben eine giftgrüne, ins Bläuliche spielende Färbung.

Eine sehr umstrittene Frage ist die des Nichtsterbens der Pflanzen durch hohe Temperaturen. Versuche haben ergeben, daß außer gewissen Algen, die in fast 90° heißen Quellen leben, Pflanzen im allgemeinen zugrunde gehen, wenn die Lufttemperatur nur wenig über 50° steigt, was in warmen Wüsten durchaus nicht selten ist. Am meisten gefährdet ist bei Wüstenpflanzen der Wurzelhals durch die Bodenoberfläche, die sich, wenn geschwärzt, vielleicht bis auf 80° erhitzt. Es müssen eigene Vorkehrungen sein, die die

Gerinnung des Zellplasmas hintanhalten und die Pflanze vor dem Hitzetod schützen.

Bei den Tieren fallen jedem Reisenden schon in den Randgebieten von warmen Wüsten Beispiele von Hitzeresistenz auf. Eidechsen huschen im Sonnenbrand auf Felsen umher, die man mit der Hand nicht berühren kann. Versuche, welche Unterlagetemperaturen von Tieren bevorzugt werden, ergaben freilich als höchste nur 49° bei einem Käfer in der Libyschen Wüste. So sieht man denn auch meist keine Tiere auf Böden, die sich über 50° erhitzt haben.

Auch die Tiere, die nicht mit der „blühenden Wüste" auftauchen und verschwinden, zeigen lange nicht wie die ausdauernden Pflanzen, die im allgemeinen sperrig, niedrig, gedrungen und reich verzweigt sind, die äußere Ähnlichkeit untereinander infolge gleichartiger Anpassungen. Oft können wir bei Wüstentieren überhaupt keine Anpassungen entdecken. Die zweckmäßigen Einrichtungen, die sie befähigen, in der Wüste zu leben, brauchen nicht augenfällig zu sein, und es handelt sich vermutlich oft um reine Stoffwechselanpassungen, die erst im physiologischen Versuch erkennbar werden.

Manche Tiere zeigen freilich schon beim ersten Ansehen ihre erstaunlich gute Anpassung, am meisten vielleicht die im Sand lebenden Reptilien mit ihren Einrichtungen zum Schutz von Auge, Nase und Ohr und zum Eingraben. Der plumpe Skink kann im Sand so schnell verschwinden, wie ein Fisch im Wasser.

Am meisten hat man sich mit der Frage beschäftigt, wie die Tiere mit der Trockenheit fertig werden. Es klingt merkwürdig, aber der Mangel an freiem Wasser spielt im allgemeinen für die Tiere der Wüste nicht die große Rolle, die wir ihm üblicherweise zuschreiben. Die Mehrzahl der echten Wüstentiere trinkt nie oder selten und deckt ihren Feuchtigkeitsbedarf aus der festen Nahrung.

Das wäre nichts besonderes, denn auch in unserem Klima verzichten viele Tiere zeitlebens auf freies Wasser, beispielsweise Kaninchen. Was wir uns aber bei den Tieren der Wüste, die kein Wasser trinken, fragen, ist, woher sie ihren Feuchtigkeitsbedarf beziehen, wenn die Pflanzen verdorrt sind. Daß besonders viele Tiere, die nie zu Wasser kommen, in Sanden leben, ist erklärlich, denn die schwebend im Sand erhaltene Feuchtigkeitsschichte ermöglicht oft ein frisches Ausschlagen der Vegetation, wenn alles im Umkreis bereits längst vertrocknet ist.

Bei vielen Pflanzenfressern der Wüste müssen wir annehmen, daß sie der Weide nachgehen. Antilopen und Wildesel sind sicher Nomaden, die durch den Gang der Jahreszeit festgesetzte Wanderungen durchführen. Vielleicht legen sie wie die Menschen der Wüste jährlich hunderte Kilometer zu neuen Futterplätzen zurück, aber es bestehen keine Beobachtungen darüber.

Von einer großen Zahl Tieren ist es jedoch sicher, daß sie ihr Leben lang nur trockene Nahrung zu sich nehmen. Zu ihnen gehören bestimmte Nager, die man in kahlen Steinwüsten antrifft. Sie entfernen sich nie weit von ihrem Standort, und ihre Umwelt erscheint völlig nahrungslos, so daß es ein Rätsel ist, wie sie überhaupt am Leben bleiben. Freies Wasser benötigen sie deshalb nicht, weil sie es durch Oxydation bei der Atmung selbst erzeugen. Außerdem geben auch die im Körper gespeicherten Fettmassen durch Verbrennung Wasser.

Immer wieder können wir bei Tieren nur vermuten, wie sie ihren Wasserhaushalt gegenüber der Verdunstungskraft der Luft aufrechterhalten. Ebenso wie es Wüstenpflanzen gibt, die sich ausschließlich mit der Wasseraufnahme von Tau und Nebel zufrieden geben, mögen auch viele Tiere der Wüste auf diese Art ihren Wasserbedarf decken. Vielleicht gehen sie Gebieten nach, die gerade von der Periode des morgendlichen Taufalles beherrscht sind. Wir sehen oft in der Wüste, daß es auf bestimmten Oberflächenformen leichter zur Kondensation als auf anderen kommt. Eine Felsspitze kann naß inmitten trockenster Wüste stehen. Es ist jedenfalls von grundlegender Bedeutung, ob Pflanzen und Tiere in offenem Gelände mit seinen extremen klimatischen Verhältnissen leben oder an Stellen, die Deckung und stabilere Bedingungen bieten.

So spielt das Klein- und Kleinstklima in der Wüste die größte Rolle. Wo es einiges Relief gibt, können die Umweltbedingungen auf engstem Raum schroff wechseln und innerhalb weniger Stunden und in Abständen von wenigen Metern sich mehr ändern als während eines ganzen Jahres in einem ausgedehnten tropischen Regenwaldgebiet. Wie ein buntes Mosaik zeigen sich Wärme, Strahlung, Wind, Feuchtigkeit, Salzgehalt und Zusammensetzung des Bodens auf freier Fläche, in Hanglage oder am Grund einer

Schlucht, und so gehört der Mangel an Einheitlichkeit in der Verteilung der Pflanzen und Tiere zu den charakteristischen Kennzeichen des Lebens in der echten Wüste.

Für Pflanzen wie für Tiere bilden die freie flache Bodenoberfläche und die unmittelbar über ihr liegenden Luftschichten, vor allem untertags in heißen Wüsten, den ungünstigsten Lebensraum, da die übermäßig hohen mittäglichen Temperaturen auf sie beschränkt sind. Je niedriger die Pflanze und das Tier sind, desto mehr sind sie der Hitze ausgesetzt. Es kann an der Bodenoberfläche durch Rückstrahlung eine Temperatur von 52° herrschen und in 2 Meter Höhe, wo wir nach allgemeiner Übereinkunft die Lufttemperatur messen, nur mehr von 29°. Während für Pflanzen der Standort unentrinnbar ist, können sich Tiere durch Ortswechsel bis zu einem gewissen Grad von den Ungunsteinflüssen befreien. Sie machen auch reichlich und auf höchst findige Art Gebrauch davon.

Es leben die besten Läufer in der Wüste, und einer leichtfüßigen Gazelle oder einem hurtigen Wildesel macht es nichts aus, 50 Kilometer weit zu galoppieren, um den Schatten einer Schirmakazie aufzusuchen. Vögel verhalten sich ähnlich. Sie vermeiden auch übermäßige Strahlung dadurch, daß sie sich vom Boden erheben. Vögel, die sonst Bodenbewohner sind, setzen sich zu Mittag auf die Äste von Büschen. Sie treffen sich dort mit Eidechsen, die ebenso den bodennahen Luftschichten entfliehen wollen und im Gezweig eines Busches in die Höhe geklettert sind. Schnecken tun das gleiche.

Noch besser als die Tiere, die die Höhe aufsuchen, machen es die, die Schutz unter der Bodenoberfläche erhoffen. Das sind nicht nur die echten Wühler. Auch Schakale und Hasen graben sich ein. Vögel nisten unter der Erde oder wählen sich alte Baue von Nagern zum Brüten. Eine eigene Fauna sucht Höhlen und Klüfte auf.

Schließlich machen auch die Menschen nichts anderes, wenn sie schutzlos dem Klima einer strengen heißen Wüste preisgegeben sind. Die ersten Schatzsucher, die auf die Nachricht von Opalvorkommen in den *Stuartbergen* unvorbereitet in die Wüsten Australiens zogen, gruben sich unter der oberflächlichen Deckenschichte ein, und die heute verlassenen und verfallenen Höhlen und Gänge dieser Menschen sind ganz ein Ebenbild der Bauten der Nager, nur in größeren Dimensionen.

Es gibt aber Wüsten, in denen sich die Ungunstverhältnisse so steigern, daß wir uns nicht vorstellen können, wie Leben dauernd ermöglicht ist. Stoßen wir dann ganz unerwartet in einer solchen Wüste doch auf eine Pflanze oder ein Tier, dann handelt es sich um Irrgäste, bei Tieren wohl auch um Einsiedler, die sich eine ganz besonders ausgesuchte Art der Lebensführung zurechtgelegt haben.

Bei Tieren läßt sich oft herausbekommen, wie sie als Irrgäste in die absolute Wüste geraten sind oder wie sie als Einsiedler dort leben. Der Fuchs und der Rabe beispielsweise ziehen Karawanen nach und mögen auf Abfälle rechnen. Raubvögeln in ganz toter Wüste stehen vielleicht erlahmende Zugvögel als Nahrungsquelle zur Verfügung. Im Herzen der leblosen *Libyschen Wüste* wurde die Beobachtung gemacht, daß Schlangen ausschließlich von Vögeln lebten, denen zu bestimmten Jahreszeiten die Gegend als Ruhe- oder Schlafplatz diente.

Bei Pflanzen ist es aber mitunter ganz rätselhaft, wie nur gerade *ein* Exemplar in ödester Wüste hochkommt. Es ist nicht das letzte Stück eines Bestandes, der als Insel hier lebte und durch Trockenheit vernichtet wurde. Es kümmert nicht, sondern steht voll ausgebildet in einer pflanzenlosen Welt. Bisweilen sieht man mitten in kahlen Dünen eine einzelne schöne grüne Tamariske, und wir durchschauen nicht, wie es ihr möglich ist, diese Leistung zu vollbringen.

Es gibt nur wenige *große* Vertreter der Pflanzen- und Tierwelt in echter Wüste, und es ist bemerkenswert, daß man sie fast nur mehr in Rückzugsgebieten antrifft, wo die Lebensbedingungen sehr schlechte sind. Die wenigen Bäume, die in der Wüste wachsen, sind unabhängig vom Gang der Niederschläge. Solitäre Riesen unter Zypressen, Saxaulen, Tamarisken und anderen Bäumen sind oft weithin berühmt und verehrt. Unter den Tieren haben sich große Säuger, wie die Addaxantilope in der *westlichen Sahara* oder die Oryx in den *südarabischen* Wüsten, nur gehalten, weil sie dort leben, wo auch die wüstentüchtigsten Eingeborenen nicht an sie herankönnen, es sei denn, sie führten Milchkamele mit, um nicht zu verdursten. Auch die Gegenden, wo es Wüstenstrauße heute noch gibt, gehören zu den schlimmsten Wüsten.

Ein Trockengebiet kann Pflanzen und Tieren noch ein erträglicher Lebensraum sein und doch Menschen gänzlich abwehren.

Wir suchen in erster Linie Wasserstellen und beurteilen eine Wüste, wenn wir nicht mit Tieren reisen und auf Weideplätze angewiesen sind, nach der Brauchbarkeit und Verläßlichkeit von Brunnen und Quellen, die wir finden. Letztere sind nur höchst selten grüne Oasen, und der Neuling, der die zahlreichen poetischen Schilderungen der Wüstenquellen kennt, wird bei ihrem Anblick in den meisten Fällen schwer enttäuscht sein.

Je regenärmer das Land ist und je gesättigter daher die Lösungen sind, die im Boden kreisen, desto eher wird die Quelle schon bei ihrem Austritt verschwinden oder nach ihrem Hervorbrechen inmitten von Sinterbildungen verdampfen. Der Reisende entdeckt dann vielleicht nur eine feuchte Stelle, und die Quelle muß erst offengelegt werden. Oft findet er eine mit Algen und Laichkraut bedeckte Delle im Boden und muß dicht verfilzte Pflanzenrasen aufreißen, um zu Faulschlamm und zu Wasser zu kommen. Dieses ist in vielen subtropischen Wüsten monatelang warm, untertags auch heiß, oft übelriechend, selten süß und wimmelt von Schnekken, Wasserkäfern, Mückenlarven, Blutegeln und Krebschen.

In jeder strengen Wüste sind Pflanzen und Tiere, wie wir schon sahen, an Ausnahmestellen mit klimatisch bedingten Vorteilen gebunden, und nur dort, wo es periodische Niederschläge gibt, kommt es zu einer gleichmäßigeren Verteilung der Flora und Fauna und zu einem Rhythmus der Jahreszeiten. Es bildet sich eine mehr oder weniger magere Wüstensteppe aus, deren einzelne Büsche große Zwischenräume einhalten. Diese auffallende Anordnung ist durch die Bewurzelung zu erklären, durch die jede Staude einen ansehnlichen Raum gründlich beherrscht und Mitbewerber ausschließt.

Die Wüstensteppe zeigt nur nach Regenfällen ihren wahren Charakter. Die niederschlagslose Zeit verwischt die Gegensätze zu der strengen Wüste dort völlig, wo die Pflanzen die Fähigkeit haben, in einen Schlummerzustand zu verfallen, der sie oberflächlich fast unsichtbar macht, durch den sie aber ihre Lebensfähigkeit nicht einbüßen. Hier handelt es sich nicht, wie in der „blühenden Wüste", die auf eine unabsehbar lange Trockenheit angewiesen ist, um kaum auffindbare Dauerstadien der Pflanzen- und Tierwelt, die vielfach durch Luftströmungen von außen gebracht werden, sondern um festgewurzelte Pflanzen, die zuzeiten ihre Lebensfunktionen ganz einstellen. Sie werfen ihre Blätter ab, ziehen ihre oberirdischen Teile ein und leben in unterirdischen Knollen und Wurzelstöcken.

Bei vielen Wüstentieren gibt es ein diesem Sommerschlaf der Pflanzen entsprechendes Gehaben. Sie verfallen in eine richtige „Trockenzeitstarre", bei der erwiesen ist, daß Mangel an Wasser eine Rolle spielt. In den *turkestaner* Wüsten sind an Tieren Versuche gemacht worden, bei denen künstlich durch trockene Nahrung

Abb. 22. Salzsteppe im Randgebiet der Wüste südlich der *Großen Kawir* (Persien). (Gez. GABRIEL)

Schlaf erzeugt werden konnte. Ans Unglaubliche grenzt, wie lange Schnecken auf jede Feuchtigkeits- und Nahrungszufuhr verzichten können. Einst erwachte in einem Museum eine zur Schau gestellte Schnecke nach vier Jahren zu neuem Leben.

Die wie im Todesschlaf liegende Wüstensteppe, in der Pflanzen und Tiere unter der Erde verschwunden sind und die während der längsten Zeit des Jahres ganz der strengen Wüste gleicht, geht meist randlich gegen die reicher benetzten Räume in Steppe über (Abb. 22). Während hier das gelobte Land namentlich für herdenweise lebende große Pflanzenfresser ist, gehört die Wüstensteppe zu den tierärmsten Gebieten der Erde.

Und doch kann man sich durch ihr Aussehen arg täuschen lassen. Fast alle Tiere halten sich an das Grundprinzip in der Wüste, nur zu bestimmten günstigen Tages- oder Nachtzeiten im offenen Gelände tätig zu sein. Es gibt mehr Tierleben in der Wüstensteppe als wir vermuten würden, ein Tierleben freilich, das für gewöhnlich verborgen bleibt und das wir suchen lernen müssen. Schon die vielen Tierfährten geben zu denken, die nach windstillen Nächten frühmorgens für kurze Zeit den Sandboden mustern, ehe sie verwischt werden. Aber ganz überrascht sind wir, wenn wir bei gelegentlichen Wasserkatastrophen die Unmenge Leichen sehen, die die trüben Fluten nach Wolkenbrüchen heranwälzen. Es sind Nager, Reptilien, Insekten und andere Tiere, die sich in Ritzen und Höhlungen aufhielten und von deren Existenz wir keine Ahnung hatten.

In der Jahreszeit, in der Niederschläge das Pflanzenleben zu frischem Treiben wecken, sieht man die geschlossenen, oft weiträumigen Wüstensteppengebiete gegen die strenge Wüste, die sie umrahmen oder durchsetzen, oft ganz allmählich ausklingen. Immer erbärmlicher richtet der Sturm die extrem trockenwüchsigen Pflanzen her, immer mehr zerzaust er sie. Die Bestände werden weitständiger und niedriger, und es ist oft schwer zu entscheiden, ob man sich noch in der Wüstensteppe oder schon in der Wüste befindet.

Bisweilen sind aber Pflanzeninseln messerscharf von der vegetationsfreien Umgebung abgehoben, und dann ist die Ursache in erster Reihe die Aufnahmefähigkeit der Böden für Wasser. Besonders günstig sind die Verhältnisse dort, wo eine Sandauflage den spärlichen Niederschlag auffängt und zu einem darunter liegenden Boden mit wasserspeichernden Eigenschaften zuleitet. Nur dort, wo der Regen, so selten er auch fallen mag, schnell aus der Verdunstungszone der Oberfläche in den absorbierenden Untergrund abgeführt werden kann, ist eine Vegetationsbedeckung möglich.

Überall, wo es Pflanzen in der Wüste gibt, sind Tiere nicht weit. Wenn regelmäßig wiederkehrende Niederschläge in eine Wüste einziehen, in der es bisher nur ganz ungleiche Strichregen gegeben hat, dann wandert auch die Pflanzenwelt mit ihnen, und die Fauna schließt sich an. Es hat sich in gewissem Sinn eine Lebensgemeinschaft von Pflanzen und Tieren herausgebildet, die es mit sich bringt, daß beide zusammen leben oder untergehen.

Oft sind die Pflanzen für die Tiere Nahrung und Wasser, Obdach und Schutz vor Klima und anderen Gegnern. Wenn ein Strauch oder ein Busch ganz allein in weiter Wüste steht, können

Tiere so sehr an dieses Gewächs gebunden sein, daß sie wie Gefangene ihre nächste Umwelt nie verlassen können. Ihr Schicksal ist besiegelt, wenn durch anhaltende Trockenheit oder durch eine Wasserflut der Busch zerstört wird.

Jede Pflanze in der Wüste, die sich fest eingewurzelt hat und den ungünstigen Lebensbedingungen standhält, mildert das Klima in ihrer unmittelbaren Nähe. Der abgebremste Wind, die verminderte Strahlung, die erhöhte Feuchtigkeit, alles schafft Verhältnisse, von denen die Fauna Vorteil zieht. Zentren des Tierlebens sind die sogenannten „Neulinge". Es sind kegelförmige Hügel, auf denen oft die Büsche der Wüste wachsen und die sich ständig durch angewehten Staub und Sand erhöhen, solange die Wurzeln, die den wachsenden Hügel zusammenhalten, durch ihn noch die Grundfeuchtigkeit erreichen. Stirbt der krönende Busch ab, dann ist sein Sockel bald in alle Winde vertragen.

Die auf Gedeih und Verderb festgefügte, in der Wüste entstandene Lebensgemeinschaft von Pflanzen und Tieren stellt nichts erstarrtes dar, sondern bringt dauernde Veränderungen mit sich. Vielerorts ist man der Frage nachgegangen, wie Flora und Fauna ihr Zusammenleben begründen und es wieder aufgeben müssen. Ein Vorgang, der sich im kleinen unter der unscheinbaren Lebewelt der „blühenden Wüste" oft in kürzester Zeit abspielt, kann das Landschaftsbild weiter Teile der Wüste während langer Zeiträume bestimmen.

Beim Bewachsen von Dünen bildet in der *Kara-Kum* in günstigen Jahren ein Gras *(Aristida)* die Vorhut; es folgen eine *Calligonumart* und der *Saxaul* (Haloxylon). Hat sich diese Flora eingewurzelt, dann tauchen auch einjährige Kräuter auf und mit ihnen zuerst Insekten, später Eidechsen und Vögel. Schon hat die Pflanzendecke eine gewisse Ausdehnung erreicht und die Physiognomie der Landschaft wesentlich verändert; aber noch ist der Höhepunkt in der Entwicklung eines Pflanzen- und Tierlebens in Sanden nicht erreicht. Es kommen noch zwei Gräser, eine Segge *(Carex)* und ein Rispengras *(Poa)*, und nun ist der Grund so fest geworden, daß er auch Höhlen grabenden Nagern zusagt. Mit ihrem Erscheinen ist aber in vielen Fällen der Keim des Unterganges gelegt.

Die Tätigkeit der kleinen Säugetiere kann von ähnlich schädigender Wirkung auf die Flora sein wie die der Menschen und ihrer

Viehherden. Mit dem Abfressen und Ausgraben der Pflanzen ist
der verheerende Einfluß der Nager nicht erschöpft; noch mehr
Unheil richtet die Lockerung des Bodens an. Von einem kleinen
Schädling *(Spermophilopsis leptodactylus)* wurden 14 200 Löcher
auf den Hektar gezählt, und auf Schritt und Tritt sinkt man beim
Gehen in die Bauten ein. Zudem ermöglichen die tief in den Boden
getriebenen Gänge das Eindringen der heißen Luft, und Austrocknung ist die Folge.

Erst beginnen die großen Büsche abzusterben, und abermals
ändert die Vegetation ihre Zusammensetzung. Auch ein Teil der
Tierwelt verschwindet. Noch hält sich eine veränderte Lebensgemeinschaft durch einige Zeit. Je mehr aber die Fauna zerstörend
in das Pflanzenleben eingreift, desto schneller gräbt sie ihr eigenes
Grab. Der Wind nützt jede schwache lockere Stelle; langsam kann
der ganze Untergrund wieder in Bewegung geraten, und dann
macht die Insel des Lebens, die hier entstanden war, wieder toter
Wüste Platz.

Wie entstand der Mensch der Wüste?

Wir versetzen uns noch einmal in das Niltal und wandern unweit von Theben auf schwer zu erklimmenden Höhen bergan
gegen die Wüste. Unversehens stoßen wir auf einem Felsvorsprung
auf eine Werkstätte alter Steinschläger. Hier haben Menschen vor
Jahrtausenden Werkzeuge aus Feuersteinkonkretionen geformt,
dem härtesten Material, das sie finden konnten. Zahlreiche rohe
Messerklingen liegen noch so verstreut, als ob sie erst gestern vom
Feuersteinkern abgesprengt worden wären. Wir finden auch Schaber, Pfeilspitzen und Schmuckringe. Der Abfall, der sich bei der
Verarbeitung bildete, blieb an der Werkstätte liegen.

Seitdem in Oberägypten verschiedene Stellen mit Anhäufungen
von Steinwerkzeugen entdeckt wurden, suchte und fand man
weitere in sehr vielen Wüsten der Erde. Regenarme Gebiete, in
denen Verkieselungen eine große Rolle spielen, bieten den besten
Stoff für die Werkzeuge, außer Hornstein noch Chalzedon, Jaspis,
Karneol, verkieselte Kalke und Dolomite und manches andere.
Die *Sahara* erwies sich als übersät mit Fundstellen; desgleichen
Teile der *Gobi*. In manchen Wüsten fand man nichts.

Angesichts dieser Zeugen vorgeschichtlicher Kultur werden wir in jene längst vergangene Zeit zurückversetzt, da nicht das Metall, sondern der geformte Stein als der wertvollste Besitz des Menschen galt. Zurechtgeschlagene Steinwerkzeuge liegen auch in den zwischeneiszeitlichen Schottern des Nordens, und ganz ähnliche werden heute noch von den Eingeborenen in den australischen Wüsten verfertigt. Wir haben die Anfänge menschlicher Kultur vor uns, als man noch nicht gelernt hatte, Edelmetalle aus dem Boden zu gewinnen, um sie als Tauschmittel oder als Schmuck zu gebrauchen, bevor man Kupfer zur Waffe zu formen oder Bronze zu mischen verstand.

Daß aber gerade in den Wüsten, in Gebieten, wo es heute auf hunderte Kilometer im Umkreis keinen Tropfen Wasser, keine Tierweide und nichts gibt, was Leben ermöglichte, die Spuren dieser alten menschlichen Kultur überreichlich auftauchten, war verblüffend. Wie ging das zu? Wie kamen die Menschen in diese lebensfeindliche Welt?

Als die ersten Feuersteinwerkstätten in den Wüsten näher untersucht wurden, glaubte man sie auf „Steinsucher" zurückführen zu müssen, die ähnlich wie spätere Goldsucher ausgezogen waren, um nach geeignetem Material zu fahnden und aus ihm Gegenstände zu formen. Die Steinsucher hatten Jahrtausende hindurch die Wüsten durchstreift und waren nach Ausbeutung eines Fundortes zum anderen gezogen, und so reihte sich in vielen Gegenden Fundplatz an Fundplatz.

Seitdem diese Ansicht vertreten wurde, haben wir noch viele andere Zeichen vorgeschichtlicher menschlicher Kultur in den Wüsten gefunden, und heute wissen wir, daß es nicht umherschweifende Steinsucher waren, die an den Werkstätten gearbeitet hatten, sondern eine mehr oder weniger seßhafte Bevölkerung. Wie konnte sie aber in der Wüste leben?

In den letzten Jahrzehnten sind große Fortschritte in der Erforschung der Vergangenheit mancher Trockenräume gemacht worden, und wir haben Zusammenhänge mit dem ersten Auftauchen des Menschen in der Wüste erkannt, die früher rätselhaft waren. Unter allen Wüsten der Erde können wir uns das beste Bild von der Vorgeschichte der *Sahara* machen.

Dieser ausgedörrte Landblock trug in der Eiszeit savannenähnliche Wälder und Steppen; er hatte ein zusammenhängendes

Flußnetz und war durchaus nicht ungastlich. Wo jetzt der Sturm über heiße Kieswüste fegt, uns Quarzkörner in das Gesicht peitscht und unsere Kamele schon den dritten Tag durstig und hungrig lagern, gab es vor 50000 oder 100000 Jahren Seen, die Schilf umsäumte und auf denen vielleicht Wasserrosen blühten. Im warmen schlammigen Wasser tummelten sich Welse und riesige Barsche und Krokodile, von denen es jetzt noch Überbleibsel im Wadi *Imiru* im Bergland der *Adjdjer Tassili* gibt. Die Mimosenhaine der Umgebung durchstreiften Elefanten und Nashörner. Eine vermutlich dunkelhäutige Bevölkerung lebte hier, verfertigte aus Steinen Faustkeile und Schaber, jagte und fischte.

Sie lebte in keiner Wüste, und erst als in einer Zwischeneiszeit das Land austrocknete, bekamen sie Hitze und Wassermangel zu spüren. Der Mensch der Altsteinzeit besaß nicht die technischen Mittel, sich der Wüste anzupassen. Er war zu ihrer Besiedlung nicht fähig und er zog sich zurück. Auf Inseln im Meer der Wüste, wo Flora und Fauna, die seine Umwelt gebildet hatten, sich zum Teil wenigstens erhalten konnten, rettete er sich hinüber in die Zeit, da das Klima wieder besser wurde.

Der jungsteinzeitliche Mensch, der nun die Sahara bevölkerte, hatte seinen Vorgängern schon manches voraus. Man schlug keine rohen Faustkeile mehr, sondern verfertigte zierliche Pfeil- und Speerspitzen; aus Knochen machte man Angelhaken und Nadeln und aus polierten und durchbohrten Straußeneierschalen Schmuck.

Und man betätigte sich als Künstler. Man meißelte ganz wunderbare Bilder auf Felsen oder bemalte die Steine mit Erdfarben. Der nordafrikanische Raum ist übersät mit Bildern. Viele Schluchtenwände und Bergflanken sind richtige „Bilderbücher". Manche Darstellungen sind arg nachgedunkelt, andere wieder noch ganz frisch. Auf den ältesten Bildern ist ausschließlich das Tier nachgemacht, und wir erkennen, wie sehr das Leben in dieser Periode des Menschen auf den Erfolg der Jagd eingestellt war. Man hält die Bilder für durchwegs nacheiszeitlich und kaum älter als 10000 Jahre. Viele sind von hoher Kunst, manche wieder wie kindliche Spielereien. Immer aber ist es erstaunlich, daß Menschen, die nur Steinwerkzeuge kannten, so lebendige Gestalten schaffen konnten.

Es war die Zeit des Klimaoptimums der jüngeren Nacheiszeit. Der Mensch jagte Giraffen, Antilopen, Warzenschweine, Strauße und alle die Tiere, die man so schön auf den Felszeichnungen sieht. Später stand das Wild nicht mehr so sehr im Vordergrund. Da betätigte man sich schon außer als Jäger auch als Hirte und züchtete Rinder und betrieb Ackerbau und pflanzte vermutlich Hirse.

Aber schon begann nach dem Abbau der Gletscher der letzten Eiszeit in Europa wieder eine Trockenphase der Sahara. Sehr langsam verschlechterte sich das Klima. Die Galeriewälder verschwanden, die Seen schrumpften ein, die Täler führten kein dauerndes Wasser mehr, und die überlebenden Tiere suchten um Wasserlöcher Zuflucht. Wie ihre Vorgänger in der Altsteinzeit zeigten sich auch jetzt die Menschen den veränderten Bedingungen nicht gewachsen. Man paßte sich nicht an und räumte das Feld. Die Sahara ließ man zurück, überstreut mit Mörsern, Mahlsteinen und allemöglichem Gerät, das wir heute, freigelegt vom Wind, auf den Flußterrassen der alten Saharaflüsse, am Rand der ehemaligen Seen und in der Umgebung von Wasseraustritten finden.

Noch waren die Lebensbedingungen nicht allzu schlecht. Wir schreiben die Zeit um etwa 1000 vor Christi Geburt. Die Sahara ist noch immer mit unvergleichlich mehr natürlichen Hilfsmitteln ausgestattet als heute und bietet dem Menschen noch ein erträgliches Leben. Es kommen großwüchsige hellerhäutige Einwanderer aus dem Norden, die Pferde und zweiräderige Wagen besitzen und in Steppen, die schon stark abgeholzt sind, nach Oryxantilopen jagen.

Bald ist es aber so weit, daß das Land vom Pferd nicht mehr durcheilt werden kann. Es erfolgt eine Trennung der Seßhaften und Nomaden. Immer mehr vollzieht sich der Übergang von der Wildbeuterei einerseits zum Anbau in Oasen, die aus ursprünglicher Sumpfwildnis entstehen, andererseits zur Tierhaltung.

Vorerst ließ sich Ackerbau trotz fortschreitender Verödung und Versalzung des Bodens noch mittels Aufstaues zeitweise abkommender Hochfluten betreiben, aber mit weiterer Verschlechterung des Klimas lohnte es nicht mehr. Da ging es noch leichter mit Viehzucht. Sie rief wohl nur ein Kleinnomadentum ins Leben, und auch dieses wäre voraussichtlich zum Untergang verurteilt gewesen und Nordafrika wäre menschenleer geworden, wie es andere Wüsten von jeher gewesen sind, wäre nicht weit im Osten

84

zur richtigen Zeit ein Ereignis eingetreten, das der drohenden Wüste ein neues Gesicht gab.

Es war die *Zucht des Dromedars* in Arabien und der entscheidende Schritt, der dem Menschen unermeßlich weite, noch so ungangbare Wildnisse erschloß. Man hatte das Reit- und Tragtier gefunden, das an Einsamkeiten ohne Wasser angepaßt war.

Wir wissen nicht, wann das Dromedar gezähmt wurde, sicher schon lange vor unserer Zeitrechnung, denn die älteste Geschichte Israels berichtet von Invasionen von Kamelreitervölkern, und auf babylonischen Reliefs tauchen auf Kamelen reitende Gestalten auf. Wir wissen auch nicht, wo die Zucht gelang, und nehmen an, im Süden Arabiens vielleicht zwischen 'Oman und Hadramaut, wo noch jetzt die feinsten und edelsten Tiere gezogen werden. Wahrscheinlich trat das Dromedar an die Stelle des Esels, der schon seit Urzeiten von nichtarabischen Jägervölkern, wie den Sleb, mit großem Erfolg als Haustier verwendet wurde. Das Dromedar ersetzte wohl vielfach auch das Pferd, das immer mehr versagte, je mehr seine Heimat verwüstete.

Damals mußte noch eine Entdeckung gelungen sein, die von höchster Bedeutung war, so nebensächlich sie auch aufs erste erscheinen mag, die Erfindung des *Wassersackes* aus Tierfell. Erst jetzt erhielt das Dromedar seinen richtigen Wert für den Ritt durch die Wüste. In Tongeschirren, die man schon lange herzustellen vermochte, war Wasser nicht weit zu befördern. Es entstand das in unseren Tagen noch unter Wüstenvölkern verbreitete Sprichwort: „Wer aus einem irdenen Topf trinkt, wird nie ein guter Führer sein."

Dromedar und Wassersack erlaubten nun Vorstöße tief in die leblosen Weiten. Es ist verlockend sich auszudenken, wie die Pfade ausgekundschaftet wurden. Wie fand man sie? Und wie vielen wurde die unbarmherzige Wüste zum Grab?

Der Mensch gehört nun einmal nicht zu den großen Säugern, die, wie wir schon gesehen haben, ohne je zu trinken leben bleiben können. Er muß freie Flüssigkeit haben und geht inmitten der fettesten Weide zugrunde, wenn er keine Tierherden bei sich hat, deren Milch er genießen kann oder keine Wasserstelle zur Verfügung steht. Daß Kamele imstande sind, in wüstesten Gebieten zu leben und auch die magersten Weiden in Milch und Fleisch zu verwandeln, erkannte man bald. Fürs erste das Leben in der Wüste

zu erhalten, ermöglichten also die Tiere, sofern man nur Weide
für sie fand (Abb. 23).

Stolz und selbstbewußt übten jetzt die großen Wüstenherren
ihre Macht aus. Was schwächer war, wurde zur Seite geschoben
und mußte fortwandern und sich neue Räume suchen. Die streit-
baren Reiterhorden schwärmten selbst aus und rissen alles andere
mit sich. Nach Osten gegen die winterkalten Wüsten sich zu

Abb. 23. Der Mensch der Wüste. Nomade aus der *zentralen Sahara*. (Phot.
Tairraz)

wenden, war nicht ratsam für die Besitzer von Dromedaren, denn
in dieser Richtung setzte die Kälte der Verbreitung ihrer Tiere
eine Schranke. Nur das zweihöckrige Kamel, das Trampeltier,
konnte allenfalls dort seine Rolle übernehmen. Es kommt in Zentralasien noch wild vor, trotzt mit einem gewissen Behagen eisigen
Stürmen und steigt bis auf 4000 Meter Höhe.

Aber im Westen öffneten sich die großen Trockenräume für
das Dromedar, und dorthin ging der volle Stoß. In Wellen, die nie
ganz abbrachen, hielt der Mensch der Wüste in dem nun schon
ganz verwüsteten warmen Nordafrika seinen Einzug. Im 7. Jahrhundert waren es bereits islamische Stämme, die auftauchten und
bis zum Niger und dem Atlantischen Ozean der Technik des

86

Reisens ihren Stempel aufdrückten. Ohne Kamel waren leere Räume nur zaghaft und in beschränkten Vorstößen zu betreten. Man konnte bloß innerhalb enger Grenzen das Land nach Nahrung und Wasser absuchen. Mit Kamel ging das anders.

Trotzdem werden sich die Vorkämpfer im toten Raum nur langsam vorgetastet und eingerichtet haben. Wir können uns vorstellen, wieviel Scharfsinn dazu nötig war, die vordringliche Aufgabe der Wasserbeschaffung zu lösen.

Zu bestimmten Zeiten fand man vielleicht süßes Oberflächenwasser; es waren in erster Reihe Regenlachen. Trinkbare Quellen in der Wüste zu entdecken, erforderte schon einen besonderen Spürsinn, und wie sie zu pflegen, konnte erst die Erfahrung lehren. Mit der Zeit wurde mit dem Ausheben von Wasserlöchern begonnen, und dann erkannte man auch, daß die denkbar kleinste Form dieser künstlichen Wasserstellen die günstigste ist, weil es dann zu einer weniger starken Verbrackung kommt. Frühzeitig lernte man auch aus den ausgehobenen Wasserlöchern richtige Brunnen herzustellen und das Grundwasser aus der Tiefe zu heben. Immer längeren Wanderungen konnte der Mensch mit seinen Herden in der Wüste unterworfen werden.

Das Leben des Menschen der Wüste und sein Nomadentum ist keine Vorstufe in der wirtschaftlichen Entwicklung der Menschheit, sondern eine Spezialisierung bei ihrer Verbreitung über die Trockengebiete der Erde. Es ist in der Geschichte des Menschen eines der schönsten Beispiele von Heldenmut, in die Wüste zu kommen und sich einer Natur anzupassen, in der jedes Leben unmöglich erscheint. In unserer Zeit der Fernlenkung von Schiffen, Luft- und Landfahrzeugen aller Art hat es erst recht etwas Wunderbares, wie ein armseliges Häuflein Menschen und Tiere nur auf sich angewiesen seinen Weg in der unermeßlich großen Wüste findet.

Wie diese Menschen leben und wie die Umwelt ihren Charakter geformt hat, soll kurz betrachtet werden.

Der Mensch der Wüste

Wir können die ganze Breite der Sahara im Automobil von Biskra bis zum Senegal queren oder die Syrische Wüste von Damaskus nach Baghdad auf der großen Kraftwagenpiste kreuzen, wir können auch von Teheran durch die Wüste bis nach Balutschistan fahren und werden vom unverfälschten Mensch der Wüste vielleicht gar nichts zu sehen bekommen. Auf gebahnten Straßen hat er nichts zu tun. Wie ein schweifendes Tier, ruhelos und ortsfrei wandert er umher, gleich der Flora und Fauna geleitet von dem sprunghaften Fallen der Niederschläge, von denen oft schon wenige Tropfen, richtig verteilt, aus dem Wüstenboden einen Funken Grün zaubern.

Voll Angst suchen die armen Hirten und Karawanenleute für sich und ihre Tiere den Lebensunterhalt. Von Gefahren umlauert mühen sie sich, ringend mit Sturm, mit Müdigkeit und vor allem mit dem qualvollsten Gegner, dem Schlafbedürfnis, von Wasserstelle zu Wasserstelle. Ihr Blick ist starr in das Nichts ewiger Fernen gerichtet, und so ziehen sie abseits der großen Routen dahin auf Pfaden, die scheinbar aus dem Endlosen kommen und in das Endlose hinauslaufen.

Es gibt Wüsten, in denen der Nomade noch den geduldigen und friedlichen Ackerbauer der weniger trockenen Gebiete beherrscht. Wo es keinen Kraftwagenverkehr gibt, schafft er die Verbindung zwischen den isoliert liegenden Oasen und macht sich als Begleiter und Beschützer der Seßhaften unentbehrlich. Mit ihnen selbst freilich hat er nichts zu tun, es sei denn, er ließe sie für sich arbeiten. Sonst steht er in einem sehr scharfen Gegensatz zu den bodensteten Bewohnern. Er liebt feste Orte nicht, denn sie machen faul und fett.

Reine Nomadenstämme, die ausschließlich von der Viehzucht leben, gibt es kaum. Auch der echte Mensch der Wüste muß trachten, Pflanzenkost entweder nebenher zu erzeugen oder im Tauschhandel dazu zu erwerben. So unermüdlich auch die Hirtenfrauen am Webstuhl die Wolle der Tiere verarbeiten, und so weitgehend sich auch der Viehzüchter in Bezug auf Kleidung und Hausrat zum Selbstversorger gemacht hat, zu einer restlosen Unabhängigkeit von den Seßhaften kam es nicht.

Es greift heute in den Trockenländern immer mehr ein Halbnomadentum um sich, das die Leute zwingt, wenigstens zur Zeit der Saat und der Ernte ihre Felder aufzusuchen. Es gibt dann kurze Zeit des Jahres Ackerbau und im übrigen ein vom Rhythmus der Jahreszeiten gelenktes Nomadentum mit Herden. Fallweise ersetzen einander die beiden Wirtschaftsformen. Weite Gebiete der Wüste leeren und bevölkern sich im Ablauf des Jahres, und das Leben des Menschen tritt uns in bunter Vielfalt entgegen.

Feste Wintersitze können mit festen Sommersitzen, Häuser mit Zelten, Zelte hier mit Zelten dort vertauscht werden. Es können Dörfler, denen von einem festen Punkt aus zu erreichende Weideplätze nicht genügen, die Herden auf Wanderschaft schicken und selbst in ihren Quartieren bleiben. Es kann auch die ganze Bevölkerung das Vieh begleiten und sich auf luftigen Sommerweiden mit Nomaden treffen, die sich in der kalten Jahreszeit bei oder in Städten niedergelassen haben oder in Tieflandweiden umhergewandert sind.

Zwischen Ansässigen, die nach uralter Gewohnheit ihre Siedlungen jahreszeitlich verlassen, um der sommerlichen Hitze in den niedrigen Lagen zu entgehen, und den Vollnomaden gibt es also alle Übergänge, so wenig, vorzüglich in den sozialen Aspekten, diese mit jenen etwas gemeinsam haben mögen. Je mehr Viehzucht betrieben wird, desto mehr verwischt sich der Unterschied zwischen wandernden Dörflern und reinen Nomaden. Wo ein naher Ortswechsel nicht hilft, wird die Lebensführung immer nomadenhafter.

Ein Zweig des Nomadentums ist in vielen Wüsten fast zur Gänze verschwunden, der der alten Karawanenleute. Es war eine Zunft für sich, eine Bruderschaft mit Gesetzen und Regeln, alten Überlieferungen und Bräuchen, die vom Handel lebte. Die Karawanenleute traten in den Dienst von Kaufmännern aus der Stadt oder waren selbständige Unternehmer. Als Nomaden, aber ohne Frauen und Herden, zogen sie umher. Kaufmannszüge mit Kamelen durch die Wüste waren ein feierliches und grandioses Schauspiel. Der Kraftwagen hat es verdrängt, denn aus der Beförderung von Waren durch Tiere ist vielfach kein Verdienst mehr zu ziehen.

Die Karawanenleute mußten eilen. Am Tage hieß es neben dem Kamel einherzuschreiten und mit den Tieren zu hungern und zu dursten. In der kalten Nacht kauerte man sich nieder und schützte sich gegen den scharfen Wind dadurch, daß man sein ärmliches Gewand fester um seine Glieder zog (Abb. 24). Immerhin fand man noch die Kraft, stundenlang mit seinen Kameraden am Lagerfeuer zu schwatzen und zu scherzen. Noch ehe der Tag graute, war man wieder unterwegs.

Der Nomade mit Herden kann im Gegensatz zum Karawanenmenschen trödeln. Bei „kleinen" Nomaden ist der Wanderbereich nicht groß. Überall stoßen sie auf Zelte; Brunnen sind zahlreich, und Weideplätze leicht zu finden. Viele Familien sind begütert. Wüstenmenschen reinster Ausbildung sind die „großen" Nomaden, in deren Gebiet es nur fallweise Niederschläge und nur flüchtige Weiden gibt. Die Wasserstellen sind unsicher. Das Leben der

Abb. 24. Der Mensch der Wüste. *Balutsche* aus dem Stamm der Naru'i. (Gez. Gabriel)

Menschen ist besonders hart, und ihr Besitz sehr gering. Wie wir schon sahen, sind sie erst mit der Züchtung des Kamels und dem Wassersack Herren des Raumes geworden, der allen anderen verschlossen ist.

Das Herz des großen Nomadentums ist das Kamel. Wenn der Mensch der strengen Wüste leben will, muß er dem Kamel dienen, er muß allen seinen Gewohnheiten Rechnung tragen, und nicht das Kamel ist der Sklave des Menschen, sondern der Mensch der des Kamels. Kleintierzucht, besonders Ziegen und auch Schafe, gibt es nur dort, wo die Wüste nicht allzu scharf ist. Immerhin sind es erstaunliche Leistungen, die auch das Kleinvieh in der Wüste vollbringt. Auf der sogenannten „Route moutonnière", der „Schafpiste", im Westen des Hoggarlandes werden jedes Jahr während der Wintermonate von den Tuareg Schafe und Ziegen vom Sudan auf die Märkte des Nordens quer durch die Sahara in 9 Tagen 400 Kilometer weit getrieben.

Die Notwendigkeit, den Viehstand zu behaupten, erklärt beim echten Wüstenmenschen die Beharrlichkeit seiner Wanderungen, ihre Weite und ihre Richtung. Der Weide und vor allem der Kamelweide gilt das ganze Sinnen und Trachten. Es durchmessen die Hirten der Wüste in manchen Jahren Strecken von 500 bis

800 Kilometern. Bisweilen wandern 'Anazastämme in Arabien dem Regen folgend über acht Breitengrade. Die Ausdehnung des Stammesgebietes ist oft sehr weit. Von den Beni Murra in Südarabien sollen auf einem Gebiet von der Größe Deutschlands, Österreichs und der Tschechoslovakei zusammen nur 7000 Seelen leben, die sich auf einzelne Brunnenlöcher stützen.

Das Umherirren in der Wüste ist einzig von den Weideplätzen bestimmt. Diese sind zu allen Jahreszeiten verschieden und auch verschieden in den einzelnen Jahren. Wenn ausgesandte Kundschafter Weiden gemeldet haben, zögern die Menschen nicht, mit ihren Herden aufzubrechen. So kommt es auch, daß die Nomaden der Wüste eine richtige Anhänglichkeit an einen bestimmten Ort nicht kennen.

Dagegen haben sie ein um so stärker ausgeprägtes Stammesgefühl. Großfamilien und Stämme bilden die soziale Organisation. Sie ist oft schwer zu erfassen, da alles wandernd und in Bewegung ist, aber sie ist unerschütterlich und eine Voraussetzung dort, wo der freie Nomade die Wüste beherrscht. Das Zusammengehörigkeitsgefühl mildert die Unterschiede zwischen hoch und niedrig. Der Stammesoberste ist immer nur der Erste unter den Rang-Gleichen. Seine Führerschaft ist freiwillig anerkannt.

Meist lebt der Mensch der Wüste in versetzbaren Zelten, eine auf uralter Erfahrung beruhende Erfindung. Es gibt rechteckige Ziegen- oder Kamelhaarzelte, auch Lederzelte oder runde Filz- und Rohrmattenzelte. In vielen Gebieten schläft man aber unter den Sternen und baut sich vielleicht um die Mittagszeit aus Zweigen und Fetzen ein Schirmdach. Wo es geht, nächtigt man wohl auch in Höhlen.

Wasserstellen, Herden und Weiden sind oft weit auseinandergezogen. Die unmittelbare Umgebung von Wasserstellen in der Wüste ist fast stets völlig kahl abgeweidet. Bleiben die Menschen hier, dann sind die Herden oft sehr weit entfernt. Weiden ohne erreichbare Wasserstellen sind nur zu verwenden, wenn Milchtiere zur Verfügung stehen. Es gibt Hirten, die sich wochenlang fast ausschließlich von Milch nähren, es sei denn, Hasen, Springmäuse oder Heuschrecken würden das Menü bereichern.

Da der Mensch der Wüste keine Nahrungsreserven aufstapelt, ist sein Leben dauernd unsicher. Nie kommt er von dem bangen

Gefühl los, was die Zukunft bringen wird, und nur inmitten fetter Weide ist er vorübergehend jeder Sorge enthoben. Ein Jahr ohne Niederschläge, auch ein unvorhergesehener Frost, können ein Massensterben unter den Herden zur Folge haben und die Existenz der Menschen bedrohen. Der Winter ist stets gefährlich, aber auch der Sommer kann es sein. In manchen Jahren vermögen sich die Tiere vor Beginn der Regenfälle kaum mehr auf den Beinen zu halten, und auch die Menschen darben aufs äußerste.

Wo alles Leben unter der Geißel einer außergewöhnlichen Trockenheit zu leiden hat, hat sich der Mensch naturgemäß mit nichts eingehender beschäftigt, als mit der Kunst Wasser zu finden, und die Frage, die ein Fremder in der Wüste am häufigsten zu beantworten hat, ist, ob es in seiner Heimat viel Wasser gibt. Wie die Spinnen die Fäden ihres Netzes, so ziehen die Wasserstellen die Pfade Tagereisen weit an sich.

Man findet in der Wüste Brunnen, die aus unbekannt alter Zeit stammen. Je länger die Brunnen unbenutzt stehen, desto größer wird ihr Salzgehalt. Oft sind die Schächte von erstaunlicher Tiefe, in Ausnahmefällen von über 100 Metern, und man versteht nicht, wie die Menschen mit ihren primitiven Hilfsmitteln den Bau zuweg brachten. Der zuletzt bei einem Brunnen Anwesende pflegt bei tiefem Wasserstand in bestimmter Entfernung von der Brunnenöffnung einen Stein hinzulegen, der den Abstand des Wasserspiegels von der Erdoberfläche anzeigt.

Auf besonders schweren und doch immer wieder benutzten Wüstenstrecken sind bisweilen Wasserzisternen errichtet, die das oberflächlich ablaufende Regenwasser sammeln sollen. Man findet sie am häufigsten längs Pilgerstraßen, und hier verdanken sie fast immer begüterten Leuten, die sich ein Verdienst im Jenseits erwerben wollten, ihre Errichtung. Sie sind sehr unzuverlässig, ebenso wie auch viele natürliche Wasseraustritte in der Wüste, die oft nur bei Pflege brauchbar bleiben. Glücklichen Umständen sind Bankwasserstellen zu danken, bei denen in festem, undurchlässigen Gestein oft metertiefe Löcher nach Regenfällen gefüllt werden und monatelang Wasser enthalten können.

Außer in den wenigen Wüsten, in denen heute noch Stämme einander bekriegen und Wasserstellen unkenntlich oder unbrauchbar machen, wird das ungeschriebene Gesetz der Wüste, Wasserstellen zu schonen, befolgt, und selten werden auch die niedrigsten Wegelagerer gegen dieses Urgesetz verstoßen. So ist zu verstehen, wie unabänderlich die Wüstenpfade die gleichen geblieben sind seit den ältesten Zeiten.

Heute, da die Wüste immer mehr die Domäne des Kraftwagens wird, werden die alten Wege des Menschen der Wüste fast alle von Wind und Sand getilgt. Nur auf stark gebräuntem Grund bleiben sie oft erstaunlich lang als hellere Linien erhalten, und in regenloser Wüste sieht man Fährten, die nachweislich Jahrzehnte alt sind. Auf felsigem Boden waren die von den Sohlen der Kamele ausgetretenen Wüstenwege auch früher schon für den Unkundigen kaum kenntlich.

Zwischen den weit auseinander liegenden Maschen der Wege liegt das Niemandland, das vielleicht noch nie ein Wesen, Tier oder Mensch, betreten hat und wo nur der Tod droht. In den meisten Flachwüsten schläft mit Beginn der heißen Jahreszeit auch der geringste Verkehr ein. Müssen hier Pfade auch im Sommer begangen werden, dann kennen sie monatelang nur nächtliches Leben, es sei denn, es handelt sich um ganz schwierige Trajekte, auf denen Tag und Nacht durchgewandert werden muß.

Aus manchen alten Saumpfaden der Wüste sind Autopisten geworden, deren Spuren oft weit auseinanderschwärmen und die mit ihren queren Rillen als „Wellblech-" oder „Waschbrettpisten" zur Qual des Fahrers werden. Meist suchte sich der Kraftfahrer auf Grund der Geländeverhältnisse neue Wege. In unseren Tagen sinken weite Teile der Wüste in völlige Vergessenheit.

Wer dort noch umherstreift, muß echter Wüstenmensch sein, der sich dessen bewußt ist, daß die Wüste grausam zuschlägt, wenn man ihre Spielregeln verletzt und daß sie unerbittlich oft einen kleinen Irrtum mit dem Tode büßen läßt. Aber das beständige Leben in der freien gefährlichen Natur hat die Sinne der Menschen geschärft. Eine Fähigkeit, die wir nicht besitzen, läßt sie unbeirrbar viele hundert Kilometer weite Wege ziehen, die sie mitunter vor Jahren das letzte Mal gezogen sind.

Mit immer erneutem Staunen erlebt man, wie die Menschen der Wüste ruhig und selbstverständlich ohne Kompaß und oft ohne Sterne in gerader Linie dem Ziel zustreben. Wenn sich die Wasserstelle, was häufig der Fall ist, noch von unmittelbarer Nähe aus besehen, kaum von der Umgebung abhebt, dann ist übrigens für den Fremdling ein Kompaß auch bei kartenmäßig richtig fixiertem Ziel nur von geringem Nutzen, denn bei entsprechend großen Wegstrecken führt schon die geringste Mißweisung des Instrumentes in so weiter Entfernung an der Wasserstelle vorbei, daß sie nicht mehr zu erkennen ist. Nur der Führer kann helfen, der sich nach Merkmalen in der Landschaft richtet, die dem Uneingeweihten ein Rätsel sind.

Ein Rätsel ist auch die Fähigkeit des Wüstenmenschen, Spuren von Tieren und Menschen zu lesen. Es gibt Fälle, da das Leben von dieser Gabe abhängt. Aus winzigen Details — der Mist der Tiere spielt eine große Rolle — werden hundert belangreiche Dinge lebendig. Auf den ersten Blick kann der Mensch der Wüste aus Kamelspuren sagen, ob die Tiere beritten waren oder nicht; er liest die Gegend, aus der die Kamele kommen, ihre Herkunft, ihr Alter, ihre Rasse, ihren Zustand und die Zeit, die verstrichen ist, seit sie hier waren. Jedes Tier soll seine eigene charakteristische Spur machen, und es ist von völlig vertraubarer Seite berichtet worden, daß Kamelfohlen, die nie gesichtet worden waren, aus der Ähnlichkeit ihrer Fährten mit denen ihrer Mütter ermittelt wurden.

Der Mensch der Wüste lebt in unglaublicher Bedürfnislosigkeit. Er kennt nichts anderes, vermißt also auch nichts. Sein ganzes Hab und Gut wiegt fast nie die Last eines Tragtieres. Eine Offenbarung für den westländisch zivilisierten Menschen ist es, zu sehen, mit welch geringen Mitteln man in der Wüste glücklich sein kann. Es liegt Schönheit in einem auf eine so schlichte Formel gebrachtes Leben.

Losgelöst von allen Hilfsmitteln, die wir alltäglich zur Hand haben, wird der Mensch der Wüste über alle Vorstellung hart. In dem Land, in dem er lebt, ist das ganze Dasein ein Sichdurchsetzen des Winzigen. Meist ist eine bis aufs Äußerste gesteigerte Anspannung aller Kräfte zur Überwindung der physischen Schwierigkeiten erforderlich.

Auf der einen Seite kämpft der Mensch der Wüste gegen seine Feinde und gegen Fremde mit der gleichen Schonungslosigkeit wie die entsetzlich unmenschliche Natur gegen ihn. Er ist grausam, und in seinem Herzen ist kein Platz für Mitleid. Auf der anderen Seite gibt er, ohne sich zu bedenken, sein Leben für die

Verbundenheit mit Seinesgleichen oder mit seinen Freunden. Es wäre die größte Schande, einen Weggenossen in unheildrohender Lage im Stich zu lassen. Ist ein Gefährte zurückgeblieben und erreichen die anderen noch so durstig die Wasserstelle, so wird bei vielen Stämmen mit dem Trinken gewartet, bis der Nachzügler angekommen ist. Auch gegessen wird nicht, bevor nicht alle versammelt sind.

Aus der in der Wüste herrschenden allgemeinen Unsicherheit ist auch eine uns Westländern unbekannte Gastfreundschaft geboren. Das Gesetz der Gastfreundschaft ist so vornehm, daß es mehr als alles andere dem Menschen der Wüste das Bewußtsein gibt, hochsinnigeren Gesetzen zu folgen als die Seßhaften, bei denen man Gastfreundschaft oft vergeblich sucht. Im allgemeinen wird die Gastfreundschaft von Höherstehenden ausgeübt, die sie Niedrigeren nicht überlassen wollen. Am ergreifendsten ist sie bei den Armen. Der Ärmste wird für den Gast sein Letztes geben und sich von seinem Elend nichts anmerken lassen. Dank erwartet man keinen.

Mit Weichheit im Charakter hat dies nichts zu tun. An Rührseligkeit bringt der Mensch der Wüste nichts auf. Es schlummert in ihm allen Fremden gegenüber der Raubritter. Zu groß ist die Versuchung des Starken in der Wüste, sich der Habe des Schwachen zu bemächtigen. Die Kinder der Wüste sind gewalttätig, denn sie sind gewohnt, mit sich allein fertig zu werden. Die Kümmerlichkeit des Bodens hat ihre kriegerischen Anlagen entwickelt, und die Armut macht sie zu Räubern. Jedermann ist in der Wüste gern bewaffnet.

In den meisten Wüsten gibt es heute keine echten Krieger mehr, aber noch immer lebt der Mensch in dauernder Verteidigungsbereitschaft und ist argwöhnisch, denn die Zeit ist noch zu nahe, da in seinem Reich Fremder und Feind fast gleichbedeutend war. Nur Angehörige des eigenen Stammes werden nicht mit Mißtrauen betrachtet.

Das weite Land ohne Grenzen weckt den Stolz des Menschen der Wüste. Er ist nicht gewöhnt, sich Befehlen zu fügen, und man kann durch seinen stark ausgeprägten Freiheitssinn in böse Lagen kommen. Unausgesetzt kämpfend gegen Mangel an allem haben die Nomaden moralische und soziale Regeln aufgebaut, die sie nicht nur völlig befriedigen, sondern auch mit Hochmut erfüllen. Im Gang, im Gehaben, in allen Äußerungen erkennt man den Dünkel des Menschen der Wüste, der vor den Errungenschaften unserer Zivilisation und vor uns selbst wenig Achtung hat. Fast stets kennzeichnet ihn ein selbstbewußter, gelassen überlegener Ausdruck.

Und eine Überlegenheit auch auf geistigem Gebiet kann man dem Menschen der Wüste in vieler Beziehung nicht absprechen. Er mißt den Vergänglichkeiten der Welt nicht zuviel Wichtigkeit bei. Sein Weltbild wappnet ihn gegen alle seelischen Unbilden. Der Tod hat für ihn keine großen Schrecken. Nach ihm werden eben andere im Kampf gegen seine grimmige Umwelt stehen.

Der Außenstehende sieht herab auf den Mensch der Wüste, denn er ist zerschlissen, rauh und raubbereit, und man fühlt sich beim Umgang mit ihm um Jahrhunderte zurückversetzt. Und doch hebt ihn eine Größe, die die Losgelöstheit von allen Fesseln der Zivilisation und alles Drohende und Unheimliche in der Wüste geschaffen haben, hoch über sein oft scheinbar niedriges Verhalten empor und läßt ein Leben bewundern, von dem wir meist nur den elenden Rahmen sehen.

Der Verfall des Wüstennomadentums

Wir finden heute in vielen Wüsten ein Hinneigen der Nomaden zu den Seßhaften. Gefördert und zum Teil erzwungen wird eine Aufgabe des Wanderlebens durch viele staatliche Obrigkeiten, die rücksichtslos und mit Energie eine Überwachung des Menschen der Wüste anstreben.

Die moderne Verkehrstechnik und die Entwicklung der Feuerwaffen haben die Stoßkraft reitender Hirtenschwärme vernichtet. Das echte Wüstennomadentum verfällt unter dem Einfluß der westlichen Zivilisation, und seine geschichtliche Rolle scheint ausgespielt. Es sieht aus, als ob in der Wüste für den wirtschaftenden Menschen kein Raum mehr sei.

Ein großes Nomadentum hatte sich eigentlich immer nur in der Alten Welt entwickelt. Mangels geeigneter Tiere fehlte es in Amerika und in Australien.

In den *nordamerikanischen* Trockenräumen hatten in der Indianerzeit bis zur Mitte des vorigen Jahrhunderts kleine kriegerische

Nomadenstämme als Jäger gehaust, die vor allem dem Aufenthaltsort des Wildes nachspürten und weniger als Viehzüchter nach Weide suchten. Ihre Wanderungen führten sie nicht allzu weit, auch dann nicht, als sie das Pferd kennen lernten und Reiter wurden. Später nahm ihnen die Vernichtung des Wildes ihre Daseinsgrundlage, und jetzt sind die nordamerikanischen Wüstenstrecken, soweit sie genutzt werden können, im Besitz viehzüchtender Farmer, die Wasserstellen erschlossen haben und um sie herum Futterpflanzen anbauen. Die Größe der Farmen nimmt mit der Trockenheit zu.

Die *Atacama* haben seit Menschengedenken keine Wüstennomaden durchstreift, und nur mit der Erschließung dieser oder jener Mine kam es zu Siedlungen. Bergbauplätze, die oft ebenso rasch verfielen wie sie entstanden, zogen auch Menschen in die *Namib* und die *australischen* Trockengebiete. Wer sonst in diesen Wüsten lebte, brachte es nur zum Sammler und Jäger. Man entwickelte wohl eine besondere Fähigkeit im Wassersuchen, aber Buschleute wie Australschwarze waren zur Überwindung weiter Wüstenstrecken nicht befähigt.

Nur wo das *Kamel* zur Verfügung stand, hat sich das Wüstennomadentum höher entwickelt, aber es gab auch nirgends sonst so ausgedehnte, für den Menschen völlig ungangbare Gebiete. Freilich erreichte das schwere zweihöckrige Kamel für die Wüstenräume nie die Bedeutung des leichten einhöckrigen Dromedars, und so wurde Zentralasien nie ein Land der echten „großen" Nomaden[1]. Die Viehzüchterkulturen fußten dort seit je hauptsächlich auf der Zucht von Pferd und Schaf. Das zweihöckrige Kamel wurde fast ausschließlich für den Warentransport und nur ausnahmsweise als Reittier benutzt, und der Verkehr spielte sich auf großen Karawanenstraßen ab, die nur wenig Vollwüsten berühren.

So waren denn auch die Umwälzungen, die der Viehzüchter im Lebensraum des Trampeltieres erfuhr, ungleich weniger einschneidend als die Veränderungen im Bereich des Dromedars. Hier wo

---

[1] In den Ländern, in denen das Dromedar während der letzten Jahrzehnte eingeführt wurde, konnte kein Wüstennomadentum in unserem Sinn ins Leben gerufen werden. In Australien lernten die Schwarzen erst unter der Anleitung von den in das Land geholten Afghanen mit den Tieren umzugehen. Inzwischen setzte die Herrschaft des Motors auf den Straßen ein. Immerhin sind Dromedare in manchen australischen Wüsten bis heute unentbehrlich, und die Beförderung der Waren mittels Karawanen ist trotz der bequemeren Autos noch die sicherste.

am Gipfel der Hierarchie der Stämme das kämpferische berittene Vollnomadentum herrschte, waren mit seinem Rückgang die Erschütterungen auf sozialem und wirtschaftlichem Gebiet sehr tiefgehend. Der Verfall begann auf verschiedene Art.

Vielfach brachten die dauernden drohenden Schicksalsschläge, die über dem Nomaden der freien Wüste schweben, ihn dazu, Sicherungen zu suchen, um sich von den Wagnissen seines Lebens zu befreien. Wenn ein Stamm ganz verarmte, wenn er für seine Produkte so wenig Korn und Mehl erhielt, daß er nicht mehr existieren konnte, wenn auch Karawanentransporte nichts mehr einbrachten, die Preise der Kamele stürzten und die Tiere wertlos wurden, begab sich der Herr der Wüste aus freiem Entschluß in die Zone der kleinen Schafhirten oder gar der Ackerbauer. Oft wurde er auch in Unglücksjahren von stärkeren Stämmen, die Raum benötigten, um stark und frei zu bleiben, gegen die Randgebiete der Wüste gedrängt. Einzeln, in kleinen Gruppen, allenfalls in ganzen Sippen hafteten nun die Menschen wie „Strandgut des Meeres“ am Wüstenrand, im Kampf unterlegen oder sonstwie gescheitert.

Wie immer sie um ihr freies Wüstenleben kamen, ihre Existenz war nun in dem schmalen Band zwischen Wüste und fruchtbareren Gefilden weder wirtschaftlich noch politisch leicht, denn hier bekämpften einander dauernd zwei Lebensformen, zwischen denen ein Gleichgewicht zu finden nicht immer möglich war.

Fast immer bedeutet der Entschluß zur Seßhaftigkeit eine Abkehr vom altbewährten Führungssystem, und sehr rasch erfährt der Mensch der Wüste, der nun von seinen Stammesgenossen abgesondert ist, daß er grausam allein steht. Nie wieder kann die alte Ordnung, die sich aus dem festen Gefüge der Blutsverwandtschaft ergab, hergestellt werden.

Es ist nicht immer so, daß das alte Zusammengehörigkeitsgefühl und die Beistandsverpflichtung zwischen Verwandten mit einem Mal abreißen. Unbefestigte, zerstreut liegende kleine Niederlassungen am Saum der Steppe blicken meist vorerst noch in die Wüste. Sie suchen Schutz dort und erhalten ihn auch von den Stammesgenossen. Solange Blutsbande geachtet werden, können Erzeugnisse des Bodenbaues und auch der Viehzucht den Verwandten in der Wüste abgeliefert werden. Es gibt gefährdete

Siedlungen am Wüstenrand, die selbst regelmäßig Abgaben an einen Schutzstamm zahlen; dieser sorgt dann dafür, daß es zu keinen Plünderungen durch Räuber der Wüste kommt.

Es gibt auch andere Formen, unter denen eine freiwillige oder erzwungene Seßhaftwerdung in Erscheinung tritt. Die Übergänge einer Symbiose zwischen Nomaden und Ackerbauern sind manigfach.

Oft ziehen sich Auseinandersetzungen der früheren Hirten mit den Ansässigen lange hin. Wo die einstigen Ritter der Wüste den Boden, ohne sich zu entehren, nicht bebauen zu können vermeinen und Gelegenheit haben, ihre Überlegenheit auszunützen, zwingen sie die Bauern, unter denen sie sich breit gemacht haben, zu einer Art Halbscheidwirtschaft, zu einem Pachtverhältnis, das den Pächter zur Ablieferung der Hälfte des erzielten Rohertrages an den Verpächter, in diesem Fall den Stammesobersten, verpflichtet.

Anderwärts gewöhnen sich die alten Nomaden an den Ackerbau, und es erhält sich jahrelang eine doppelte soziale und wirtschaftliche Struktur. Man lebt wohl einen Teil des Jahres in Siedlungen, zieht aber immer wieder in die Wüste, jetzt nicht mehr nach der geographischen Lage der Dörfer gruppiert, sondern nach den alten Sippen. Lange noch läßt man sich als Krieger respektieren, aber doch tauchen aus den benachbarten Städten Steuereinnehmer, Richter und vor allem zum Verderben des einst vornehmen Stammes Geldverleiher auf. Fremde Seßhafte kaufen Grund und Boden in den Dörfern; sie setzen sich dort fest, und mit der alten Herrlichkeit der Wüstennomaden ist es vorbei.

Je mehr durcheinander gewürfelt herkunftsmäßig die neugebildeten Gemeinden zwischen Wüste und Fruchtland sind, desto rascher wird die staatliche Macht die Herrschaft antreten. Die allgemeine Entwicklung geht in den meisten Fällen dahin, daß ansässig gewordene Stammesgenossen mit altansässigen Bewohnern verschmelzen, und das Ende ist dann der Sieg des Ortsverbandes über den Stammverband.

Wo die Wüste ihre Schärfe verliert und in steppenhafte Gebiete ausklingt, leben fast überall im Lebensraum des Dromedars unter anbautreibenden Halbnomaden und selbst seßhaften Getreidebauern Menschen, deren Väter und Großväter aus der offenen Wüste kamen. Sie fühlen sich trotz aller Änderungen ihrer Sitten und Gebräuche noch den Zeltbewohnern verbunden und sehnen sich nach den verlorenen Weiten. Es kommt vor, daß der Bewohner eines Steinhauses in einer Stadt in seinem Garten für Gäste aus der Wüste ein Gastzelt hält, das an seine alte Vornehmheit gemahnt. Herz und Gedanken bleiben den Idealen der „großen" Nomaden treu.

Die Wüste ist noch immer ein Vorzugsgebiet, und der Aufenthalt in ihr ein Vorrecht, dessen nur besonders Begünstigte teilhaftig werden. Am schwersten verwindet man den Verfall der Zucht der prachtvollen Kamele. Sie können immer nur beschränkt von Bodenständigen erhalten werden, denn sie benötigen zu ihrem restlosen Gedeihen sehr ausgedehnte Weidegebiete. Voll Stolz erzählt man von den berühmtesten Tieren des Stammes, Tieren, bei deren Namen die Väter schwuren, die sie im Kriegstaumel ausriefen, die die Dichter verwendeten, um schöne Frauen zu besingen (Abb. 25). Man bleibt starr in einem goldenen Zeitalter vergangenen Ruhmes leben.

Es ist oft ergreifend zu sehen, wie sehr bei Menschen der Wüste, die in Städten landen, die Blutsverwandtschaft ihre alte Kraft bewahrt. Wird der Nomade einzeln verschlagen, so geht er verloren. Wird er stammweise in Städten seßhaft, so hält er meist in Quartieren zusammen. An den Türen der Häuser sind vielleicht noch die alten Kamelzeichen des Stammes eingeritzt. Auch auf den Gräbern kann man die Kamelmarken finden. Selbst auf den Friedhöfen der Städte ist der Stamm noch vereint. Bis über den Tod hinaus kann das patriarchalische Ausgangsstadium erhalten sein.

In Südarabien, wo sich der Typus des Wüstennomaden vielleicht am reinsten auskristallisierte, ist die Tragik seines Verfalles am kläglichsten. Der Mensch hat dort kaum noch eine andere Wahl als seine Heimat zu verlassen. Niemand frägt mehr nach den Erzeugnissen seiner Kamele, niemand verlangt mehr seine Dienste in der Wüste, und die Zufluchtstätte, die sie ihm einst war, steht Flugzeugen und jedem offen, der wüstengängige Kraftwagen hat. Niemand fürchtet den Wüstennomaden mehr, und nur mehr bedauern kann man ihn, wie er zerlumpt an die Tore der großen Ölkonzerne pocht und um Arbeit bittet.

Etwas wie Beschämung überkommt uns, wenn wir den einstigen Herrn der Wüste so degradiert wiedersehen. Haben nicht seine Gesetze, die sich auf Ehre und Mut gründeten, auch unserer Welt etwas zu sagen gehabt? Wurden nicht im Mittelalter die Ideen von Ritterlichkeit, von der Heiligkeit eines Versprechens, von der Treue bis in den Tod aus tiefer Wüste bis an die Grenzen von

Abb. 25. Der Mensch der Wüste. Tuareg aus dem *Hoggar*. Vertreter des berittenen „großen" Nomadentums. (Phot. Tairraz)

Frankreich getragen? Es waren Werte, für die jetzt keine Verwendung mehr besteht. Die elendsten und zugleich stolzesten Vertreter der Menschheit haben sie bis heute erhalten, da das letzte frei im Grenzenlosen entfaltete Herrentum schwindet.

VIII. Die Erforschung der Wüsten

Wie begann sich der Schleier über den Wüsten zu heben, die im Leben der Völker seit jeher wie ein Wall waren, oft schwerer zu bezwingen als Hochgebirge oder Meere?

Was immer man im frühen *Altertum* von den lebensfeindlichen Trockenräumen gewußt haben mag, für Europa war diese Kenntnis nur insofern von Wert, als sie den Griechen übermittelt und von ihnen verbreitet wurde. Aber auch für die Griechen bot die Eremos, die „ungastliche Öde", kein lockendes Forschungsziel. In der Griechenland zunächst gelegenen Wüste in Nordafrika verhinderten die gleichen geographischen Gegebenheiten, die bis in die Neuzeit die·Erforschung der *Sahara* verzögerten, ein tieferes Eindringen in die Wüste. Nur das Tal des Nil stellte von Norden her einen Durchlaß in den Kontinent dar, aber auch hier geboten nicht nur im Altertum die Sümpfe halt.

So machte sich HERODOT, der um das Jahr 443 v. Chr. schrieb, kein auch nur annäherndes Bild von der Ausdehnung der *Sahara*, obwohl er uns die Geschichte einiger junger Leute erzählte, die die *Libysche Wüste* durchstießen und an einen großen Fluß kamen, der, wie wir vermuten, der Niger war. Teile der Sahara waren auffallend früh bekannt. Alexander der Große drang bis zur Oase Siwah vor, und Griechen scheinen vom Nildelta aus auch in die *Nubische Wüste* gekommen zu sein.

Die Römer, die seit dem Jahr 146 v. Chr. das Erbe der Karthager angetreten hatten, erweiterten unser Wissen von der *Sahara*. Zuerst scheint in großen Zügen der Raum zwischen Tunesien und Marokko kennengelernt, das Atlasgebirge jedoch nicht überschritten worden zu sein. Dann zog im Jahre 19 v. Chr. BALBUS von der tripolitanischen Küste in den *Fezzan*, wo wir zahlreiche Reste römischer Befestigungen finden. In das Jahr 70 oder etwas später nach Beginn unserer Zeitrechnung fiel die erste sichere Durchquerung der Sahara in nordsüdlicher Richtung durch MATERNUS, der vom Mittelmeer her den Tschad erreichte. Wie tief weiter im Westen ein gewisser PAULINUS im Jahre 42 n. Chr. nach Querung des Atlas in die Sahara vorstieß, wissen wir nicht. Der Fluß „Gir", den er erreichte, muß nicht der Niger gewesen sein. PAULINUS kann auch im Süden des Atlas den Draa entdeckt haben, den einzigen das ganze Jahr über Wasser führenden Fluß der Sahara außer dem Nil.

Wie stand es mit der Erforschung der *asiatischen Wüsten* im Altertum?

Die Einöden Vorderasiens sahen schon etliche Jahrhunderte vor Christi Geburt griechische Kolonisten. HERODOT wußte von den Trockenräumen um den Kaspisee, in den die Steppen östlich vom Don überleiten. Während des Alexanderzuges lernten dann die Griechen asiatische Wüsten kennen mit Oberflächenformen, die sie völlig verblüfft haben mußten. KRATEROS, ein Feldherr Alexanders, querte die persische *Lut* in ihrem südlichen Abschnitt, wo sie zu den schärfsten Wüsten der Erde gehört.

Die Heere der Römer stießen nicht so weit in das öde Asien vor wie die der Griechen, aber eine ihrer Expeditionen in die Wüste war erstaunlich wie die kühnsten Unternehmungen des Mazedonierkönigs: Es war der Zug des AELIUS GALLUS im Jahre 25 v. Chr., der, vielleicht angeregt durch die sagenhaften Reichtümer des Weihrauchlandes in *Südarabien*, von der Küste des Roten Meeres wahrscheinlich durch das bis heute noch völlig unbekannte Hinterland von Yemen bis an die Grenzen von Hadramaut ging. Der Ausgang war freilich, wie nicht anders zu erwarten war, kläglich. Daß die Römer auch zentralasiatische Wüsten kennen lernten, ist anzunehmen. Ein oder der andere Kaufmann mag auf dem südlichen Ast der Seidenstraßen durch die *Lob-Nor-Wüste* bis nach China vorgedrungen sein.

Das *Mittelalter* war vorerst eine Zeit des Stillstandes oder Rückschrittes in dem, was das Abendland über die Wüsten der Erde wußte. Das Material, das im Zuge der Ausbreitung des Islam die arabischen Erdkundler von dem ganzen nördlichen Wüstengürtel der Alten Welt sammelten, berührte Europa nicht, da man von ihm keine Kenntnis nahm. Dabei gingen die Beobachtungen der islamischen Geographen oft in Einzelheiten, vor allem, was die Wege durch die Wüste betraf. Es gab Aufzeichnungen über Gebiete, in die sich bis auf unsere Tage wissenschaftlich gebildete Berichterstatter kaum verirrt haben. Hier sei an die Angaben ISTAKHRIS über die „Neue Straße" durch die *südpersische Wüste* erinnert, ein Pfad, dem zu folgen bisher keinem modernen Reisenden glückte. In der arabischen Heimat, aus der viele mittelalterliche islamische Geographen kamen, mag ihr Sinn für die Wüstenforschung besonders angeregt worden sein.

Europäer finden wir in dieser Zeit in Wüsten nur ganz vereinzelt. In der *Sahara* überhaupt nicht. Längst schon waren die Küstensäume um das Mittelmeer in die abendländische Welt einbezogen, aber noch Jahrhunderte breitete sich über das Gesicht der dahinter liegenden Räume der Schleier des Geheimnisvollen. Die damaligen Karten zeigen die Sahara angefüllt mit allerhand grauslichen und kuriosen Wesen. Im 15. Jahrhundert hören wir dann von Europäern in der Sahara, so von einem Kaufmann namens MALFANTE in Tuat, von einem unbekannten Florentiner in Timbuktu, und von Portugiesen, die eine Handelsniederlassung in dem abgelegenen Adrar in der zentralen Westsahara öffneten. Trotzdem zeigte D'ANVILLES Karte aus dem 18. Jahrhundert an der Stelle der Sahara nur einen riesigen weißen Fleck.

Mit den *arabischen Wüsten* sah es nicht viel besser aus. Sie waren noch im 17. und 18. Jahrhundert Europa unbekannt wie im klassischen Altertum. Mitglieder der Kreuzzüge, die die Anschauung der leeren Gebiete hätten fördern können, kamen über Syrien nicht hinaus, und nur zwei Namen sind in der Arabienforschung zu nennen, VARTHEMA, der im Jahre 1501 Mekka besuchte, und NIEBUHR, der mehr als zweiundeinhalb Jahrhunderte später den Yemen bereiste. D'ANVILLE, der als echter Geograph auf seinen Landkarten nur das wiedergab, was er begründen konnte, zeichnete auch die arabischen Wüsten blank wie die Sahara.

Einige Erfahrungen gewannen die Europäer über die tiefer in Asien liegenden Wüsten. Nachdem die Mongolen im Jahre 1241 auf ihrem westwärts gerichteten Siegeszug bis nach Schlesien vorgedrungen waren, erfolgte eine friedliche Annäherung zwischen dem Abendland und Ostasien, und vereinzelte Gesandtschaften, Missionare und Kaufleute fanden ihren Weg bis nach Mittelasien und selbst nach China. Die Franziskaner CARPINE und RUBRUK bereisten in den Jahren 1245 und 1253 die *aralo-kaspischen Wüsten*, die Kaufleute NICOLO und MAFFEO POLO Mitte der sechziger Jahre auch die *Gobi* und auf einer zweiten Reise mit dem jungen MARCO in den Jahren 1272/73 die *persischen Wüsten* und das *Tarimbecken*.

Über die persischen Wüsten hören wir dann bis zum Beginn des 19. Jahrhunderts nichts mehr außer dem wortkargen Bericht

eines Mönches DE GOUVEA und eines Schlesischen Adeligen v. PO-
SER, die zu Anfang des 17. Jahrhunderts die *Lut* zwischen Yezd
und Gulschan querten. Durch die *Kara-Kum* kam in den Jahren
1403/04 eine spanische Gesandtschaft zu Tamerlan unter CLAVIJO,
und dann schloß sich der Vorhang, und auch die turkestaner Wüsten gerieten in Vergessenheit.

In *Zentralasien* mögen nach MARCO POLO noch andere Europäer
auf einsamen Wüstenwegen gewandert sein, aber kein einziges
Wort ist von ihren Fahrten auf uns gekommen. Die Tagebücher
von PATER GOËS, der in den Jahren 1603/05 am Nordrand des
Tarimbeckens über Hami zog und in Sutschou starb, sind verloren.
In den zwei folgenden Jahrhunderten waren es unbekannte Je-
suiten, die von China aus dürftige Unterlagen über die Trockenräume Innerasiens sammelten. Die Karte eines schwedischen Offi-
ziers RENAT, der zu Beginn des 18. Jahrhunderts in kalmückische
Gefangenschaft geriet, wurde im Jahre 1879 durch Zufall in einer
kleinen Bibliothek in Linköping gefunden. Es ist erstaunlich, daß
die Grundlagen der Geographie der innerasiatischen Wüsten auf
ihr besser zum Vorschein kommen als auf allen anderen Karten
bis zum Anfang des 19. Jahrhunderts.

Diesen Zeitpunkt wollen wir als Beginn der *neuzeitlichen* wissenschaftlichen Erforschung der Wüsten der Erde ansetzen. Nun erst
wurde das Tor zu ihrer Kenntnis richtig aufgetan. Die Reisen,
die jetzt unternommen wurden, waren in erster Linie von dem
Streben nach erdkundlichem Wissen beseelt.

Etwa der Hälfte der *Sahara*forscher wurde die Wüste zum Grab,
vor allem den Wegbereitern. HORNEMANN, der die erste neuzeit-
liche Durchquerung der Wüste von Nord nach Süd durchführte,
starb im Jahre 1805 am Niger. Das gleiche Schicksal ereilte MUNGO
PARK im folgenden Jahr. Auch LAING, der zwanzig Jahre später
die Sahara von Tripolis nach Timbuktu querte, konnte die Ergebnisse seiner Reise nicht nach Hause bringen; er wurde ermordet. Glücklicher war CAILLIÉ, der im Jahre 1828 die westliche
Wüste durchzog.

Mit der großen Reise BARTHS in den Jahren 1850/55 begann
die klassische Zeit der Saharaforschung. Lange blieb sein Buch
neben dem des Franzosen DUVEYRIER die einzige Quelle über
Landschaft und Bevölkerung der zentralen Wüstenräume. Dann

kamen die Nachfolger, NACHTIGAL, ROHLFS, LENZ. Um die Jahrhundertwende war die Zeit der Reisen, die einzelne frei unternehmen konnten, vorbei. Nun, da die europäische Herrschaft sich gefestigt hatte und die Sahara in politische Sphären aufgeteilt war, lag die Erkundung vorwiegend in den Händen der Forscher des betreffenden Landes. Es begann der Zeitabschnitt der wissenschaftlichen Missionen, wie die von FOUREAU, NIEGER, CORTIER, TILHO u. a. Im Jahre 1928 erschien GAUTIERS vorbildliche Sahara-Monographie.

Bisher war die Aufhellung linienhaft, zumeist in den Spuren alter Karawanenwege erfolgt. In den zwanziger und dreißiger Jahren begann eine systematische, teilweise auch flächenhafte Erforschung, früh auch aus der Luft.

Seither sind grundlegende Zusammenfassungen aber auch eine sehr große Zahl Berichte über Teilerkundungen aus allen Teilen der Sahara erschienen. In der *östlichen* Wüste betraten FORBES und HASANEIN im Jahre 1920 erstmalig Kufra; HASANEIN entdeckte zwei Jahre darauf Arkenu und Uweinat. ALMASY erforschte das Gilf Kebir und die Libysche Sandsee, und Offiziere und Beamte der Geologischen Landesaufnahme Ägyptens verkleinerten die letzten weißen Flecke auf der Landkarte bis zur Grenze *Libyens*. Aus diesem Raum verdanken wir vor allem dem Italiener DESIO neue Kenntnisse. Der *Westen* der Sahara blieb das Arbeitsgebiet der Franzosen. LHOTE, CAPOT-REY, SAVORNIN, MONOD und viele andere brachten wertvolles Material zusammen. Das „Institut de Recherches Sahariennes" in Algier befaßt sich jetzt mit dem Studium aller das Wüstengebiet betreffenden Probleme.

In vielen Fällen ähnlich wie die erste geographische Erschließung der Sahara erfolgte die Erforschung der *arabischen Wüsten*. Ihr Gang war spannend, die Schwierigkeiten waren besonders groß. Die Reisenden hatten zumeist keinen oder nur einen sehr unsicheren Schutz einer Regierung hinter sich; es waren keine Missionare, keine Kaufleute, es waren Menschen, die völlig in den Bann der gefährlichen Wüstenräume gerieten, deren Aufhellung ihr Lebensziel wurde.

Hauptsächlich ging die Forschertätigkeit von Syrien oder von den Küsten des Westens aus. Von SADLIER, der Nordarabien im Jahre 1819 durchzog, bis SHAKESPEARE, BELL und LEACHMAN, deren Arbeiten schon in den Anfang unseres Jahrhunderts fallen, hatten Reisende von hohen Qualitäten, wie DAUGHTY, die BLUNTS, HUBER, MUSIL u. a. die arabischen Trockenräume bis etwa zum Wendekreis in großen Zügen erforscht. Der Süden war noch unbetreten.

Seit dem 1. Weltkrieg ist die überragende Gestalt in der Erforschung der arabischen Wüsten PHILBY. Er war es auch, der nach 14jährigem Bemühen im Jahre 1932 in ost-westlicher Richtung die südarabische Wüste durchstieß, deren Querung in meridionaler Richtung ein Jahr zuvor THOMAS gelungen war. Seither hat einzig THESIGER es gewagt, die *ar-Rimal*, wie die Anrainer das völlig wasserlose „Leere Viertel", die *Rub' al-Khali*, nennen, nochmals zu bereisen.

Die Erforschung der *persischen Wüsten* wurde zu Anfang des 19. Jahrhunderts eingeleitet, als Großbritannien sich gezwungen sah, das Vorfeld seiner damals noch nicht ganz gefestigten Macht in Indien näher kennenzulernen. Die Reihe der Offiziere aus Indien, die in der Folgezeit von britischer Seite fast ausschließlich zur Erkundung eingesetzt wurden, eröffnete im Jahre 1810 CHRISTIE, dem ein Jahrhundert lang verdienstvolle Männer folgten. Wir nennen nur VAUGHAN, MACGREGOR, STEWART und den unermüdlichen SYKES. Auch Russen erschienen in den iranischen Trockenräumen. Sie waren es, die als erste bis in das Herz der Wüsten vordrangen. BUHSE machte uns im Jahre 1849 mit dem Inneren der *Großen Kawir* bekannt, und KHANYKOV querte 10 Jahre später weiter südlich den Trockengürtel auf einem mörderischen Pfad von Nordosten nach Schahdad.

Ein Markstein in der neuzeitlichen Erschließung der persischen Wüsten war HEDINS Reise im Jahre 1906. Zwei Forschungsfahrten von v. NIEDERMAYER vor und während des 1. Weltkrieges vermehrten unsere Kenntnis der Trockenräume, doch war in der *Südlichen Lut* noch ein Gebiet etwa von der Größe Belgiens geblieben, das jeder Erkundung getrotzt hatte und das erst im Jahre 1937 vom *Verfasser* und *seiner Frau* nach mehrjährigen vergeblichen Anstrengungen bezwungen werden konnte.

Die moderne Erforschung der *aralo-kaspischen Wüsten* wurde ebenfalls durch die Entwicklung der politischen Ereignisse gefördert. Die Notwendigkeit, die Südgrenze Sibiriens gegen die

Einfälle der Nomaden zu schützen, veranlaßte eine Reihe von Unternehmungen, mit denen wissenschaftliche Erkundungen verbunden waren. Im Jahre 1843 erschien die wertvolle Reisebeschreibung des schon genannten KHANYKOV, und mit dem Vordringen der russischen Macht kamen weitere Gelehrte. Allmählich begann auch die systematische topographische Aufnahme der Wüsten. Die im Jahre 1881 vollendete Unterwerfung der Turkmenen öffnete die bisher verschlossenen transkaspischen Trockenräume der Forschung, die in den Arbeiten von BOGDANOWITSCH, KONSCHIN, RADDE, OBRUTSCHEW u. a. reiche Früchte zeitigte. In unseren Tagen ist Turkestan zum Gegenstand großer Wirtschaftsprojekte geworden, von denen noch die Rede sein wird, und gehört zu den bestbekannten Wüstengebieten Asiens.

In *Innerasien,* wo ähnlich, wenn auch nicht in dem gleichen Ausmaß wie in der Sahara und in Arabien, zu den Hindernissen, die die Natur der Forschung entgegensetzt, auch die Feindschaft und das Mißtrauen der Eingeborenen traten, vollzog sich die Erkundung der Wüsten während des·vorigen Jahrhunderts hauptsächlich von Norden her durch Russen und von Süden durch Briten. Die Vorstöße waren zahlreich, brachten im einzelnen jedoch nur über die Ränder der großen Wüsten Nachricht. Bloß die vier Reisen, die PRSCHEWALSKIJ zwischen den Jahren 1871 und 1884 durchführte und auf denen er die *Gobi,* die *Tsaidam-* und *Lob-Nor-Wüste* und die *Takla Makan* querte, waren von solcher Bedeutung, daß wir die ganze Geschichte der neueren Erforschung der Wüsten in diesem Raum in die Zeit vor, während und nach seinen Expeditionen einteilen können, denn sie waren es, die mit einem Schlag das ganze Kartenbild auf eine richtige Grundlage stellten.

Von den Reisen *vor* PRSCHEWALSKIJ seien die von v. FUSS und BUNGE erwähnt, die zu astronomischen Zwecken die *Gobi* querten, und eine Unternehmung im Raum von Kaschgar und Khotan von SCHLAGINTWEIT, der im Jahre 1857 ermordet wurde. Zwischen der ersten und zweiten PRSCHEWALSKIJ-Reise arbeiteten im Jahre 1872 SOSNOVSKI in der *Dsungarischen Wüste,* NEY ELIAS in der *Gobi* und ein Jahr darauf FORSYTH und seine Kameraden im westlichen *Tarimbecken.* Die letzte Periode der Wüstenforschung in Zentralasien *nach* PRSCHEWALSKIJ stand im Zeichen der Tätigkeit HEDINS.

108

Neben ihm wollen wir unter zahlreichen anderen Reisenden nur noch FUTTERERS gedenken, der uns im Jahre 1898 im *Peschan* mit dem Typus einer Felswüste bekannt machte, und AUREL STEINS, der auf mehreren Reisen vielfach den Spuren HEDINS folgte. Dieser selbst widmete sich vom Jahre 1893 bis zu seinem Tod der Entschleierung der zentralasiatischen Wüsten, und niemand vor oder nach ihm wurde für den Mut, mit dem er den lebensfeindlichsten Gebieten der Erde trotzte, so belohnt wie er, sei es durch das Auffinden in der Wüste versunkener Städte, sei es durch die Entdeckung ganz neuer Großformen oder umwälzender Szenenveränderungen auf der Erdoberfläche in Zusammenhang mit der Wanderung des *Lob-Nor* in seinem *Wüstenrahmen*. Die Ergebnisse von HEDINS letzter Expedition, die er in Gemeinschaft mit zahlreichen Gelehrten zwischen den Jahren 1927 und 1935 durchführte und deren Arbeitsgebiet von der inneren Mongolei bis zum Kaspisee und von der Dsungarei bis zum Altyn-Tagh reichte, werden derzeit noch laufend weiter veröffentlicht.

Bei den Wüsten der Neuen Welt und der südlichen Halbkugel war die Spanne zwischen dem Zeitpunkt, da die ungastlichen Gebiete in den Gesichtskreis Europas traten und da ihre systematische Erforschung begann, verhältnismäßig kurz. Von der Sahara hatte schon HERODOT vor fast zweiundeinhalb Jahrtausenden gehört, doch daß das Innere Australiens von großen Wüsten oder Halbwüsten eingenommen ist, wurde erst nach Erforschung der Randlandschaften vor noch nicht 200 Jahren klar.

Die erste Erschließung des *nordamerikanischen* Trockenlandes erfolgte im 16. Jahrhundert in dauernden Kämpfen mit den Indianern durch Spanier von Süden her aus dem mexikanischen Hochland. Um die Mitte des 18. Jahrhunderts erreichten Franzosen von Osten her das Felsengebirge, und zu Beginn des 19. Jahrhunderts begann eine richtige landeskundliche Forschungsarbeit.

Ein allgemeines Gesamtbild von den Naturverhältnissen der wüsten Gegenden westlich des Felsengebirges, ein Gebiet, in das bereits Pelzjäger in den zwanziger Jahren den Weg gefunden hatten, verdanken wir den Expeditionen von BONNEVILLE, FRÉMONT und STANSBURY zwischen den Jahren 1832 und 1850. Die Durchquerung der südlichen Wüsten kam mit den Kampfhandlungen der Union gegen Mexiko in Fluß. Damals erfolgte der berühmte

Kavalleristenzug von Cookes im Jahre 1846. In dieser Zeit fingen auch viele Kolonisten, angelockt vor allem durch Nachrichten über Erzreichtum, an, nach dem Westen durch die Trockenräume zu wandern. Sie zogen teils auf dem „Spanish Trail" über das *Coloradoplateau* und durch die *Mohave-Wüste*, teils weiter südlich durch die *Gila-Wüste* auf dem „Gila-Trail".

Der Bürgerkrieg brachte eine Unterbrechung der Tätigkeit von verschiedenen Unternehmungen, die in die westlichen Wüsten führten und schon in einer gewissen Verbindung mit großen, später auch durchgeführten Überland-Projekten standen. Im Jahre 1879 wurde die „United States Geological and Geographical Survey" gegründet, aus deren Mitgliederstab klassische Arbeiten über unser Gebiet hervorgingen; es seien nur die von Gilbert über den *Großen Salzsee* und von Dutton über die *Colorado-Cañons* erwähnt. Noch andere große Forschungsstätten bildeten sich, wie die „Smithsonian Institution". Ihre gemeinsame Tätigkeit trieben die moderne wissenschaftliche Kenntnis der Wüsten Nordamerikas systematisch voran und brachten sie auf den hohen Stand, den sie heute inne hat.

Die *südamerikanischen* Trockenländer blieben im Gang der Erforschung gegen die nordamerikanischen arg zurück. Spanien und Portugal taten nichts zur Erschließung der unwegsamen Regionen, und auch die später entstandenen Republiken vernachlässigten die Erforschung vollkommen. Unser Wissen von den Trockenräumen Patagoniens war vor hundert Jahren noch fast gleich null und schritt nur sehr langsam vorwärts. Etwas besser sah es in der nordchilenischen Wüste aus, als einzelne Europäer, die im Lande ansässig geworden waren, wie Philippi, Pissis und Darapsky, in der zweiten Hälfte des vorigen Jahrhunderts eine geographische Erforschung der *Atacama* einleiteten. Der Formenschatz dieser Wüste ist heute durch Mortensens Untersuchungen weitgehend bekannt.

In den Trockengebieten *Südafrikas*, insbesondere in der *Namib*, ging die erste Erforschung nicht von der Küste sondern von der Kapkolonie überland vor sich. Pioniere waren die holländischen Siedler. Als im Jahre 1884 Südwestafrika unter deutschen Schutz gestellt wurde, waren bereits Teile des Landes nicht mehr völlig unbekannt, um so mehr als schon seit Beginn des 19. Jahrhunderts deutsche Missionare im Nama- und Damaraland tätig waren. Aber die Kernwüste hatte wohl noch kaum ein Weißer betreten, und sowohl die Kartenaufnahme als die Schilderungen des Landes kamen über allgemeine Angaben nicht hinaus, wiewohl so manche Reisen angetreten wurden, vielfach mit dem Ziel, vorhandene Metallvorkommen auf ihre Abbauwürdigkeit zu untersuchen.

Im Jahre 1908 änderte sich mit dem Auffinden von Diamanten das Bild. Als der wunderbare Naturschatz entdeckt wurde, begann in der fast ungangbaren *Namib* die wissenschaftliche Forschung. Es ist ein besonderes Verdienst der vor dem 1. Weltkrieg gegründeten Diamantgesellschaften, daß sie in der kurzen Zeit ihres Bestehens reichhaltige Mittel zur Untersuchung des ihnen zur Ausbeutung der Diamanten verliehenen Gebietes und seiner Nachbarschaft aufwandten. Nicht engherzige wirtschaftliche Gründe, wie man vermuten könnte, sondern höhere Ziele waren dafür maßgebend. Reiches Material wurde zusammengetragen. Zum allergrößten Teil war diese auf breite Grundlage gestellte vielseitige Erforschung dem Geologen LOTZ zu danken. Aus seinen Anregungen ging dann das große Werk KAISERS hervor.

Was die Erforschung der *australischen* Wüsten so sehr erschwerte, war die Tatsache, daß es nirgends eine Siedlung gab, die als Stützpunkt hätte dienen können. Selbst in ungleich strengeren Trockenräumen Nordafrikas und Asiens konnte man sich vielleicht an Karawanenstraßen halten oder doch notfalls zu einer bewohnten Oase Zuflucht nehmen. Nichts dergleichen in Australien.

Nach verschiedenen Erkundungszügen in die Randgebiete der australischen Wüsten begann der Vorstoß in ihr Herz mit der Reise des bekanntesten aller australischen Forschungsreisenden, LEICHARDT. Auch nach seinem tragischen Tod im Jahre 1846 blieben trotz verschiedener Bemühungen die Wüsten unbetreten, bis es STUART mit dem sicheren Instinkt des geborenen Entdeckers im Jahre 1862 nach zwei vergeblichen Versuchen gelang, einen Weg zwischen Eyresee und Arnhemland zu finden auf einer Route, auf der zehn Jahre später der erste Überlandtelegraph in meridionaler Richtung durch Zentralaustralien nach Port Darwin gelegt wurde. Nun erst war es möglich, von Stützpunkten aus das schwierige Problem der Überwindung der wasserlosen Gebiete Westaustraliens in Angriff zu nehmen.

Die erste Erforschung dieser Räume ist an die Namen GILES, WARBURTON und FORREST geknüpft, die in den siebziger Jahren, aber immer noch auf zum Teil wenigstens leichteren Pfaden reisten. In den Kern der großen südlichen *Victoria-Wüste* Breschen zu legen, glückte erst WELLS und LINDSAY in den Jahren 1891/92, und das Herz der *nördlichen Sandwüste* zu durchstoßen, CARNEGIE wenige Jahre darauf.

Die Trostlosigkeit der Gegenden, die die Forscher angetroffen hatten, und der unglückliche Ausgang vieler Unternehmungen brachten es mit sich, daß man es später nicht mehr der Mühe für wert hielt, das Trockenland westlich der Telegraphenlinie näher kennenzulernen, und so waren um die Jahrhundertwende noch weite Teile der australischen Wüsten gänzlich unerforscht. Selbst heute sind trotz der Tätigkeit mehrerer geographischer Gesellschaften in Australien Gebiete des Inneren nur sehr oberflächlich bekannt, obwohl wissenschaftliche Forscher des 20. Jahrhunderts das allzu krasse Bild von der Gefährlichkeit des Landes, das die alten Reisenden entworfen hatten, zum Teil tilgen konnten.

Ein Abriß einer vergleichenden Geschichte der Erforschung der Wüsten der Erde hat nicht nur jener zu gedenken, die als *Reisende* erstmalig in unbekannte Einöden vorstießen, sondern auch der Forscher, die, in erster Linie *Gelehrte* und in zweiter Reisende, uns Arbeiten von schöpferischer Bedeutung für unser Verständnis der Auswirkungen des Trockenklimas auf die Umbildung der Wüste schenkten. Bei der Kürze der Darstellung seien nur zwei Namen genannt, v. RICHTHOFEN und J. WALTHER. Ersterer sammelte seine Erfahrungen in Californien und besonders in China, letzterer in den Wüsten Nordafrikas, Turkestans, Australiens und Nordameikas. Das Wirken dieser beiden trug wesentlich dazu bei, die Grundlagen der heutigen Wüstenforschung zu schaffen.

So sehr sich bereits im Altertum Geographen mit der Wüste beschäftigt haben, in der modernen Wissenschaft, die die verschiedenen Räume der Erdoberfläche in ihrer Eigenart zu erfassen und darzustellen sucht, ist die Wüstenforschung ein junger Zweig. Schon die Lage neuzeitlicher Kulturzentren in feuchten Klimazonen ist zum Teil die Ursache dafür, daß hier erdkundliche Untersuchungen viel früher und gründlicher durchgeführt wurden als in Trockengebieten. Erst verhältnismäßig spät drang die Wissenschaft in den Bereich der Wüste vor. Studienreisen in die leeren Räume blieben lange eine Seltenheit, und die Beobachtungszeit war aus verständlichen Gründen immer nur so knapp, daß das geographische Material aus Wüsten keinen Vergleich mit der Beobachtungsfülle aus gesegneteren Klimabezirken aushält.

Nun hat das sommerliche Hochgebirge im 19. Jahrhundert und das winterliche im 20. Jahrhundert einen Teil seiner Schrekken verloren, und jetzt erobert die Technik die letzten Winkel der Wüste und ermöglicht auch hier die Arbeit der Wissenschaft. Trotzdem sind die am wenigsten bekannten Räume der Erdoberfläche, sehen wir von der Antarktis ab, noch immer die Wüsten.

Freilich, die ausgedehnten weißen Flecken auf ihren Landkarten sind sehr zusammengeschmolzen, aber grau sind viele Flecke geblieben, besonders dort, wo abgelegene Gebirgsteile das Land durchsetzen oder weite Steinpflasterebenen sich dehnen. Doch so viele tausende Quadratkilometer Wüste noch von keinem Forscher und auch wohl von keinem Eingeborenen geschaut wurden, neue und überraschende Entdeckungen auf topographischem Gebiet sind kaum mehr zu erwarten.

Die in unseren Tagen noch am wenigsten erforschte Wüste der Erde ist zweifellos die südarabische. Auch die Motorisierung, die von den amerikanischen Ölfeldern in Ostarabien tief in das Innere der *ar-Rimal* Eingang gefunden hat, mußte vielfach vor den Schranken halten, die das „Leere Viertel" umgürten. Die südpersische *Lut* ist ebenfalls weitgehend unbetreten und bisher nur auf einem einzigen Pfad gekreuzt, aber von diesem Gebiet besitzen wir ein geschlossenes Luftbildmaterial, das eben jetzt ausgewertet wird. Ein dritter Kern unerforschter Wüsten ist die *Takla Makan*. HEDIN war bis heute der einzige, der die ganze Breite dieser Wüste, ohne sich an einen Flußlauf zu halten, durchstoßen hat. Trotzdem mehr als ein halbes Jahrhundert seither verflossen ist, wurde von keiner Seite mehr eine ähnliche Unternehmung versucht, und die Sandwogen der Takla Makan liegen seit Ewigkeiten unberührt unter dem Himmel Innerasiens.

In jüngerer Zeit ist man daran gegangen, den Kraftwagen zur Erforschung von Dünenmeeren einzusetzen. In der *Großen Sandsee*

Libyens waren die Erfolge vielversprechend. Aber die Voraussetzungen zu einer Fahrt durch hohe Dünen scheint ein gewisses Regelmaß in ihrem Aufbau zu sein. Es gilt immer, die vom Wind hartgewehten Sandrücken auszunutzen.

Es gibt auch Wüsten, die gänzlich ungangbar sind und es immer bleiben werden. Dazu gehören beispielsweise Teile der *Großen Kawir*. In ihrem nordöstlichen Abschnitt steht das völlig versalzte Grundwasser so hoch, daß alles im Boden versinkt. In diese leeren Räume hat noch nie ein Mensch, weder Forscher, noch Jäger oder Hirte, seinen Fuß gesetzt. Es ist eine terra incognita, der auch mit unseren modernen technischen Hilfsmitteln nicht beizukommen ist.

Nur Aufnahmen vom Flugzeug aus können Karten von solchen Wüsten verschaffen. Im großen und ganzen ist aber eine grobe topographische Aufnahme der Trockenräume vollendet oder wird es in Kürze sein. Die offenen Fragen der Wüstenforschung richten sich jetzt weniger nach dem kartographischen Bild, sondern nach der Erfassung der landschaftlichen Struktur und damit nach der geographischen Gliederung und ihrer inneren Ursächlichkeit. Der eigenartige Formenschatz der einzelnen Wüsten ist zu vergleichen und aus Bauplan, Baustoff und Klima zu entwickeln.

Vor allem gilt es, regelmäßige meteorologische Beobachtungen im Inneren der Wüsten anzustellen, den im Luftraum über ihnen herrschenden Gesetzen nachzuspüren, um zu erfahren, in welchen Kurven sich Klimaschwankungen vollzogen haben oder noch vollziehen, und weiters die Kräfte zu erkennen, die die Ausgestaltung der Oberflächenformen zuwege brachten. In Kawiren, Stufenlandschaften, „Wüstenstädten", Dünenmeeren, überall ergeben sich Probleme. Von unmittelbarer praktischer Bedeutung können die Untersuchungen sein, die die Wasservorräte des Untergrundes betreffen, ihre Menge, Ausdehnung und die Möglichkeit ihrer Nutzung.

Die Zeit der kühnen Pioniere ist vorbei. Jetzt ist die Zusammenarbeit von Fachgelehrten an der Reihe. Die erdgebundene Forschung muß durch Luftbildforschung ergänzt werden, die mithilft, die Verflechtungen der Landschaftselemente in ihrer typischen Raumanordnung zu erkennen.

IX. Einzelne Wüsten

Sahara

Es ist üblich geworden, mit dem Namen „Sahara", der ursprünglich nur für den westlichen und mittleren Teil des nordafrikanischen Trockenraumes gebräuchlich war, das ganze Gebiet zwischen Atlantischem Ozean und Rotem Meer zu bezeichnen[1]. Die Sahara ist mit einer Ausdehnung von 5500 Kilometern von Meer zu Meer und von 1600—2300 Kilometern von Norden nach Süden die größte zusammenhängende Wüste der Erde.

In Nordafrika treffen die Wirkungen der Klimawüsten und der Reliefwüsten in verhängnisvoller Weise zusammen. Die den Atlasländern im Winter Regen bringenden Nordwinde des Mittelmeergebietes greifen über die Bergbarriere nicht weit landeinwärts, und darum steht fast die ganze Sahara unter dem Einfluß passatischer Luftströmungen, die aus höheren Breiten kommen oder über weite Landflächen geweht sind und daher sehr austrocknen. Die seltenen Westwinde bringen dem Westsaum der Sahara wohl Nebel und Temperaturfall, aber keine wesentlichen Niederschläge, und die Tropenregen des Südens erreichen höchstens die Gebirgslandschaften des Inneren.

Die Sahara war es, die in erster Linie unsere alten Vorstellungen der Wüste als riesiges Sandmeer und ausgetrockneten Meeresboden bestimmte. In Wahrheit überwiegt die Steinwüste, und ein *ebener* Landblock ist die Sahara auch nicht. Freilich ist das ganze gewaltige Ausmaß ihrer Reliefenergie erst seit einem halben Jahrhundert bekannt geworden. Die Sahara liegt in Teilen unter dem Meeresspiegel und besitzt anderwärts Gebirge mit Gipfeln von 3500 Meter Höhe.

Wohl herrscht auf weite Erstreckung die flache Wüste vor. So fällt in der *westlichen Sahara* auf, daß wir auf einer Fläche von rund 1 Million Quadratkilometern, der doppelten Größe von Frankreich, nicht ein einziges bedeutendes Gebirgsmassiv finden. Auch sind ausgedehnte Teile im *Libyschen Becken* und in der *Ostsahara* westlich vom Nil flach wie ein Meer. Die Über-

---

[1] Es hat sich auch eingebürgert, den Namen statt auf der ersten auf der zweiten Silbe zu betonen, etwas, was den Landesbewohner seltsam anmutet, denn dann bedeutet das Wort nicht mehr „Wüste" sondern „Kasten".

gänge von Landschaft zu Landschaft gestalten sich zumeist ganz
allmählich.

Flächen vom Hamadatyp durchziehen wie ein riesiges Band die
Nordsahara von Westen nach Osten und gehören mit den Seghi-
ren, die die Bewohner vielfach auch „Reg" nennen, wie in den
meisten Wüsten auch im saharischen Raum zu den ödesten Ab-

Abb. 26. *Harudj* in der *Libyschen Wüste*. Sandüberwehtes Wadi aus kupierter
Basalthamada in Flachwüste leitend. (Phot. WEIS)

schnitten. Hier kommt dem Wind die größte Rolle zu, und hier
ist einer der ältesten Teile der Wüste, der sich im Zustand der
letzten Vollendung der Abtragung befindet.

Sandwüsten heißen in der Sahara „Erg", „Areg" oder „Edeien".
Obzwar sie nur etwa ein Siebentel der ganzen Wüste bedecken
und man die ganze Breite der Sahara queren kann, ohne auf eine
einzige Düne zu stoßen, gibt es doch eindrucksvolle Sandmeere,
wie die *Erg-Igidi* und *Erg-esch-Schesch* in der westlichen Wüste,
die *West-* und *Osterg* in Südalgerien, die *Edeien von Murzuk* und
die *Große Sandsee* in der Libysch-Ägyptischen Wüste.

Die Ebenen der Sahara werden häufig durch große Landstufen
unterbrochen, die sich hunderte Kilometer hinziehen und abfluß-
lose Senken kesselartig einschließen. Tafelberge der verschieden-

116

sten Größe und Auflösung, isoliert oder in Gruppen, sind über die Flächen verstreut. Eine mächtige, auf allen Seiten zerfressene Sandsteintafel ist das in einem der unzugänglichsten Teile der Sahara liegende, erst im Jahre 1926 entdeckte *Gilf Kebir* mit der geheimnisvollen *Zerzura-Oase*.

Statt des Tafellandes bilden auch uralte Grundgebirge, gefaltete Gebirgsreste und frische Lavamassen die Oberfläche. Das Herz der Westsahara nimmt ein niedriges kristallines Plateau ein. Im mittleren Teil der Wüste liegen zwei Gebiete riesiger Deckenergüsse, der *Djebel-es-Soda* und der *Harudj*, Glieder einer vulkanischen Unruhezone, die von der Küste Tripolitaniens bis zum Wendekreis zieht (Abb. 26). Die Wüste östlich des Nil ist ein Gebirgsland aus Granit und Nubischem Sandstein mit Höhen bis zu 2200 Metern und Trockentälern, die dicht über dem Steilabfall zum Roten Meer ihren Anfang nehmen und zum Nil gerichtet sind.

Die imponierendsten Gebirge des Inneren kulminieren im *Hoggar*, *Air*, *Adrar*, *Tibesti* und den unnahbaren Höhen von *Uweinat* und *Arkenu*. Ihre Formen sind reichhaltig. Scharf gezackte zerklüftete Kämme mit glockenförmigen Klötzen, Tafeln und Domen und oft nadelförmigen Schlotbergen wechseln ab. Es sind Hochgebirgswüsten von außergewöhnlicher Wildheit.

An manchen Stellen, vorzugsweise auf Sanden und in Tälern, ist die Sahara nicht ganz pflanzenlos. Der Fremdling in der Wüste ahnt nichts von der alles beherrschenden Frage der Verwendbarkeit einer Pflanze als Tierfutter. Er weiß nichts von der Bedeutung von beispielsweise *Cornulacea monacantha* im Leben des Saharamenschen, dieses herben Busches, der so aussieht, als ob er aus Metall wäre und unter dem Namen „Hadh" von den Küsten des Atlantischen Ozeans bis nach Arabien bekannt ist. Ein Ginster *(Retama raetam)*, der „Rtm" heißt, ist ebenso wichtig, und die Grasart „Drin" *(Aristida pungens)* kann in getrocknetem Zustand die Tiere wenigstens vom Hungertod retten. Schirmakazien in Mulden lassen das Bild der Wüste erstehen, wie es einst ausgesehen haben mag, als die Bäume noch Haine bildeten und zahlreiches Wild sich umhertrieb. Damals *trennte* die Sahara nicht, sondern *mischte* Mittelmeerformen mit tropischen. So reich die Fauna früher auch war, so arm ist sie jetzt, und man wird in der Wüste nur selten ein

Tier sehen, es sei denn eine flüchtige Gazelle am Horizont oder
einen Pillendreher im Abendlager.

Die unruhigen Nomaden, die sich nur ungerne einer fremden
Oberherrschaft beugten, terrorisieren in der Sahara nicht mehr die
Seßhaften. Man hat aufgehört, die stolzen Tuareg, richtiger Imo-
schah, die den Berbern nahestehen, zu fürchten. Auch die Tibbu
im Südteil der Mittleren Sahara, die wahrscheinlich mit der äthio-
pischen Rasse verwandt sind und zwischen Berbern und Negern
stehen, haben ihre Rolle als Vermittler der Landeserzeugnisse ausgespielt. Es besteht eine Landflucht, und immer mehr zieht man
in dicht gedrängte, schmutzige und ungesunde Gemeinwesen,
deren Kern von Osten eingewanderte, stark mit Negern vermischte
Araber sind.

Die Zentren der Öl- und Erdgasgewinnung bilden, wie wir
noch hören werden, ein neues Verkehrsnetz aus, und die grünen
Inseln mit Palmengärten, Feldern und Brunnen, die bisher Zentren
des Lebens in der Wüste und Sammler der Wege waren, verlieren
an Wichtigkeit. Die Autowege sind nicht an die uralten, durch
Tradition geheiligten Karawanenpfade gebunden, weil brunnen-
reichere Hügelsande für den Motorverkehr ungeeigneter sind als
die Durststrecken der flachen Steinscherbenwüste. Die Bedeutung
des saharischen Raumes in *geschichtlicher* Zeit als Schranke zwischen Rassen und Völkern ist geringer geworden, aber noch ist
es ein fester Gürtel, der sich vor das negritische Afrika des Südens
legt. Weite Strecken der Wüste bleiben nach wie vor alten und
neuen Reisemethoden verschlossen.

Nafud und ar-Rimal

Die Nafud und die ar-Rimal sind zwei große Sandbüchsen Arabiens, die sich um das Herz dieses plumpen Landblockes legen.
Nur in der breiten Aufwölbung zwischen den beiden Wüsten gehört Arabien zum Teil in das Reich der Steppe. Fast das ganze
übrige Innere ist Wüste oder Halbwüste.

Es nimmt nicht wunder, daß in Arabien, das zum größten Teil
der Passatzone angehört, das Trockenklima Vorderasiens seine
höchste Steigerung erfährt. Die schmalen Meere, die den kleinen
Kontinent im Osten und Westen umsäumen, können seinen kon-

tinentalen Charakter nicht mildern. Nur die höher aufragenden
Küstengebirge empfangen einigermaßen sicheren Regen, und die
Niederschläge, die Luftströmungen im Winter und Frühjahr aus
dem Mittelmeer bringen, sind wohl auch im Inneren über ganz
Nordarabien zu spüren, aber sie sind selten und unzuverlässig.

Die Dünen der Nafud bedecken eine Fläche von 7 Längen- und
4 Breitengrade und stellen sich wie ein Wächter dem von Norden
der Hauptstadt *Riyadh* Zustrebenden entgegen. Von welcher Seite
auch immer man sich der Nafud nähert, stets beginnt das Sandmeer mit scharfer Grenze. Die karmesinroten Dünen, die wohl
vorwiegend aus der Zerstörung von Sandsteinen hervorgegangen
sind, lagern auf öder Steinpflasterfläche mit Inselbergen und Sand-
tennen und verhüllen mit ihren bis 100 Meter hohen Barchan-
ketten weitgehend das Anstehende. Die auffallendsten Formen in
der Nafud, die die Aufmerksamkeit der Reisenden stets in hohem
Maße fesselten, sind die schon erwähnten großen pferdehufförmi-
gen Senken, die „Faludj" heißen und wahrscheinlich in Anlehnung
an mächtige Binnenhöfe alter Sicheldünen entstanden sind.

Die ar-Rimal, die „Dünen", bedecken eine Fläche von 1 Million
Quadratkilometern und bilden vermutlich die größte Sandwüste
der Erde. Sie ziehen von der Innenabdachung der westlichen Randgebirge nach Osten bis zum Bergland von *'Oman* und treten im
Süden teilweise bis an den Ozean heran. Wie es mit den verwickel-
ten Höhen- und Abdachungsverhältnissen und den Oberflächenformen in diesem Großraum bestellt ist, entzieht sich weitgehend
auch heute noch unserer Kenntnis. Isolierte Gebirge oder auch
nur Inselberge scheint es nur vereinzelt zu geben. An der Stelle
der vermuteten Ruinenstadt *Wabar* wurden mehrere Meteorkrater
entdeckt. Weite Teile der Wüste nehmen auf unzertaltem Grund
aufsitzende bis über 200 Meter hohe Sandmassive über Strichdünen ein. Die Sandlandschaften der ar-Rimal sind besonders viel-
gestaltig und farbenreich. Es gibt grünlichgoldene, rostigrote und
auch purpurne Dünen. Bisweilen rahmen sie schneeweiße Gips-
pfannen ein, und dann ist das Bild der Wüste bunt wie eine Palette.

Während die südarabische Wüste jahraus und jahrein so gut
wie völlig kahl ist, belebt sich die Nafud nach Niederschlägen mit
grünen Büschen, und die Weideverhältnisse für Kamele können
dann hier viel günstiger sein als in der nördlich angrenzenden

Kieswüste und sogar im Steppenland der Mitte. So wird denn die Nafud im Gegensatz zu den ar-Rimal nicht nur von Mekkapilgern gequert, sondern auch in die Winterweiden der Beduinen einbezogen. Die Menschen können dann wochenlang ohne Wasser bleiben, da ihre Kamele Junge haben, und streifen mit den Tieren, denen die Feuchtigkeit der Pflanzen genügt, zwischen den Sanden umher, bis die Büsche zu vertrocknen beginnen. Die mörderischen ar-Rimal hingegen sind eine absolute Verkehrsschranke. Die Stämme im *Weihrauchland* des Südens, die anthropologisch an die alten Sumerer erinnern, kennen nicht die *Saʿudi-Arabien* zugehörigen Stämme des Nordens, und ein Zusammentreffen beider würde unweigerlich Kämpfe zur Folge haben.

Oasen gibt es weder in der Nafud noch in den ar-Rimal, und auch im übrigen Inneren Arabiens spielen sie nur eine geringe Rolle. Den Kern des Landes haben bisher die Armut und die Feindseligkeit seiner Bewohner geschützt. Wir haben schon die Veränderungen berührt, die jetzt vor sich gehen. Aus der zwischen der Nafud und den ar-Rimal liegenden Zentrallandschaft *Nadjd* ist die puritanisch-religiöse Bewegung der Wahhabiten hervorgegangen, die in straffer Zucht inneren Frieden geschaffen hat. Die Stammesorganisation weicht einer Diktatur, die mit den großen Einnahmen aus der Ölindustrie die Gründung von Ackerbaukolonien mit Hilfe von Grundwasserbohrungen anstrebt. Für die Stämme des Südens sieht die Zukunft trüb aus.

Lut

Die Lut beginnt vor den Toren der persischen Hauptstadt Teheran und zieht über 1000 Kilometer weit nach Südsüdosten bis zu den Bergen von Balutschistan. Sie liegt im Zentrum des von allen Seiten durch Gebirge umschlossenen abflußlosen Binnenlandes, in das nur ein geringer Teil der von außen kommenden Feuchtigkeit eindringen kann. Der überwiegende Teil der spärlichen Niederschläge entstammt Luftmassen, die das nordpersische Randgebirge überfließen; einiger Regen ist auch wasserdampfbeladenen Strömungen mittelländischer Herkunft zu verdanken, und nur in Einzelfällen mögen Monsunniederschläge über die in vielen Ketten zerfransten südiranischen Randberge ihren Weg bis in die Wüste finden. Die Niederschläge fallen zum größten Teil im Winter und werden um so geringer, je weiter es nach Süden geht. In gleichem Maße steigt mit abnehmender Breite und abnehmender Meereshöhe die Hitze des Sommers, und der tiefe Süden des innerpersischen Wüstengürtels, der, wie wir jetzt wissen, nur wenig über 200 Meter Seehöhe liegt, gehört zu den Stellen auf der Erde, an denen es zu den höchsten Temperaturen kommt.

Abb. 27. Wegzeichen in der *Großen Kawir* (Persien). Im Vordergrund ungangbarer Kasehboden. Im Hintergrund flache, leicht aus dem Gefüge geratene Salztonscheiben. (Phot. GABRIEL)

Die klimatischen Verhältnisse haben eine graduelle Zunahme der Schärfe der Lut von Norden nach Süden zur Folge, und die Ausstattung der Landschaft wird durch den Grad bestimmt, bis zu dem die Verwüstung vorgeschritten ist. Zeichen der Wasserwirkung werden nach Süden zu immer seltener, und schließlich ist es fast nur mehr der Wind, der die Ausgestaltung der Oberflächenformen übernimmt.

Unter dem Einfluß des Binnenklimas ist die Verwitterung der Felskörper und die Aufzehrung der Gebirge der Lut sehr vorgeschritten und die Höhenunterschiede sind weitgehend ausgeglichen. Im allgemeinen erheben sich die kahlen Berge nicht über 1500 Meter und überragen das Land vielfach nur als Hügel. Sie teilen den Wüstengürtel in meist hoch aufgeschüttete Becken, die mit einem Steinschleier bedeckte Ebenen aus zusammengewachsenen Schuttkegeln umsäumen.

Es gab wohl einst inmitten der persischen abflußlosen Bergwelt Endseen, aber sie sind fast alle verschwunden und die Hohlformen mit dem Stoff der zerfallenden Höhen gefüllt. Vielfach sind besonders im Norden die Beckenmitten noch von Wasser durchtränkt. Dann treten sie uns als eingedickte und durch Verdampfung der Verwitterungslösungen stark versalzte Moräste entgegen. Es sind schauerliche Überbleibsel aus alter Zeit, die schon charakterisierten, für Persien bezeichnenden Kawire (Abb. 27).

Ähnlich wie in Arabien ein weniger wüstenhafter Streifen im Raum von *Nadjd* die *Nafud* von den *ar-Rimal* scheidet, so trennt auch im innerpersischen Wüstengürtel eine solche vielfach unterbrochene Schwelle aus Gebirgsruinen die nördlichen durch ihre Kawire fast ungangbaren Räume von den südlichen Becken, wo heute noch die unbekanntesten Teile des Landes liegen.

Hier treten Salzschlammoräste zurück, und in phantastische Erosionsformen zerlegte Ablagerungen herrschen vor. Wo nur mehr oder weniger isolierte Reste der Füllmassen stehen geblieben sind oder ein Irrgarten kleiner und kleinster, meist stromlinienförmiger Gebilde, hat die Landschaft ein Gegenstück in der *Lob-Nor-Wüste* Zentralasiens. Im Osten und Süden umgeben diesen Abschnitt der Lut nackte Steinfelder oder kahle Sandmeere, die an Mächtigkeit mit den Oghurds der *Sahara* oder den Dünen der *ar-Rimal* wetteifern können (Abb. 10).

Ein charakteristischer Zug der Lut ist die weitverbreitete völlige Pflanzenleere. Sie ist im Norden bodenbedingt und im Süden durch das Klima hervorgerufen. Nur ganz ausnahmsweise gibt es als winzige Inseln Grünlandschaften an den Rändern der Lut und in ihrem mittleren Teil. Aber bloß einer sehr spärlichen Bevölkerung ist ein Fortkommen ermöglicht.

Die Lut war als ausgedehnte Barre immer von Bedeutung für die Geschichte des Persischen Reiches, die sich nur an der Peripherie der Wüste abspielen konnte. Sie schied die großen Schauplätze des Werdens der Völker und bildete einen Schutz vor feindlichen Überfällen und eine Rückzugsmöglichkeit für unbotmäßige Stämme. Ihr Einfluß auf die Gedankenwelt und das Leben der Bevölkerung ist nicht erloschen, denn sie tritt bis hart an die großen Städte heran, an die Stationen der einstigen Seidenstraße im Norden, an die heilige Stadt *Qumm* und *Kaschan* im Westen, an *Yezd* und *Kirman* im Süden und *Birdjend* im Osten.

Wo die Lut weniger streng ist, durchziehen sie ganz wenige uralte Karawanenpfade. Die Dattelreife in Südpersien, die Getreideernte im Norden und die Pilgerfahrt nach *Meschhed* bestimmen den kaum nennenswerten Verkehr, der sich fast ausschließlich auf die Wintermonate beschränkt. Seitdem ein Kraftwagenverkehr Handel und Wandel zwischen die großen Städte im Umkreis der Lut verlagert hat, vereinsamen auch in dieser Wüste die alten Wege mehr und mehr.

Kara-Kum und Kysyl-Kum

Kara-Kum und Kysyl-Kum bilden das Zwischenglied zwischen den Wüsten des Nahen Orient und denen Zentralasiens. Hier stoßen die eben besprochenen nordafrikanischen, arabischen und persischen Wüsten, die als „Südtyp" des Trockengürtels der Alten Welt aufgefaßt werden, an die innerasiatischen Wüsten des „Nordtyps". Während in den Wüsten des Südtyps die Niederschläge saisonmäßig fallen, die Wintertemperaturen nie übermäßig tief absinken, die Sommertemperaturen sehr hoch ansteigen und die Pflanzenwelt sich dem Rhythmus der Jahreszeiten anpaßt, sind die Niederschläge in den Wüsten des Nordtyps weniger saisonmäßig verteilt, die Winter sehr hart, die Sommer nicht so heiß und die Kontraste im Leben der Pflanzen nicht so scharf.

Im Raum der Kara-Kum und Kysyl-Kum sinken die Temperaturen in der Breite von Süditalien im Winter bis zu —20°. Im Sommer aber wird 40° erreicht, und das Klima ist sehr kontinental, und der Einfluß von *Kaspi-* und *Aralsee* bleibt auffallend gering. Daß der Winter kälter ist als es der Breite entspricht, ist den sibirischen Luftwellen zu danken, die durch keine Barriere gehindert bis an die Randgebirge Irans vorstoßen. Die glühende Hitze des Sommers und die Trockenheit bewirkt der Passat. Im Winter steht das Land gelegentlich unter dem Einfluß der äußersten Ausläufer der mediterranen Luftströmungen gegen Innerasien; dann wehen westliche Winde, und es gibt einige Niederschläge. Es fällt kaum Schnee; deshalb erwärmt sich das Land zeitig im Frühling, und die Vegetationsperiode ist lang.

Kara-Kum und Kysyl-Kum sind Glieder eines riesigen Einbruchsbeckens, des umfangreichsten Depressionsgebietes der Erde, das wiederholt überflutet war, zuletzt vom brackischen, tief nach Asien hineinreichenden *Sarmatischen Meer*. Heute sind es Sandwüsten wie die *Nafud* und die *ar-Rimal*, aber ihr gemeinsames Areal von 680000 Quadratkilometern erreicht noch lange nicht die Ausdehnung der *ar-Rimal* allein. Die Kara-Kum liegt im mittleren Teil nur 20 bis 40 Meter hoch, die Kysyl-Kum, weniger abgesenkt, gegen 400 Meter, und hier treten auch einige bis 1000 Meter hohe Restketten und Inselberge auf.

Die Kara-Kum erfüllt eine Muldenzone vor den iranischen Randgebirgen und reicht bis zum mächtigsten Strom Innerasiens, dem aus den Schnee- und Eisfeldern der zentralasiatischen Hochgebirge gespeisten *Amudariya*, der die Kara-Kum von der Kysyl-Kum trennt. Der Amudariya führt mehr sandig-toniges Material mit sich als der Indus, Ganges, Nil oder Mississippi. Mit dauernd sich vermindernder Wasserführung hält er bis zum Aralsee durch, ebenso wie der *Syrdariya*, der die Kysyl-Kum im Norden begrenzt.

Die beiden Ströme sind die hauptsächlichsten Sandlieferanten. Die Beimengung von dunklen Glimmerschieferbrocken zum Sand der Kara-Kum hat dieser ihren Namen „Schwarzer Sand" gegeben; Kysyl-Kum heißt „Roter Sand". Sich rasch bildende und schnell sich bewegende kahle Dünen gibt es hauptsächlich in der östlichen Kara-Kum. Häufig sind sie in der Nähe von Brunnen, wo die Vegetationsdecke von Mensch und Tier vernichtet ist. Beide Wüsten sind aber zum größten Teil mit niedrigen, ausdruckslosen, nicht wandernden Hügel- und Reihensanden bedeckt, die gegen die Bergränder in Lehm- und Kieswüsten ausklingen. Salzpfannen in alten Flußläufen mit aufgetriebener Salzrinde über lockeren Massen oder richtige nasse Salzschlammsümpfe heißen hier „Schor", „Solontschak" oder „Badpak", und durch Regenwasser oder von den Höhen abkommenden Rinnsalen gebildete Tonflächen „Takyr".

Längs der Flüsse oder in alten Flußbetten gibt es viel fruchtbares Land. Wo regelmäßig Wasser zur Verfügung steht, wachsen Pappeln und Weiden. Den Wüstenboden schützen oft Gräser, Salzpflanzen und Tamariskenbüsche. Charakteristisch ist der langsam wachsende Saxaul. Trotz allen Pflanzenlebens sind Kara-Kum und Kysyl-Kum düster, unerquicklich und über die Maßen öde.

In den aralo-kaspischen Wüsten überschneiden sich die Verbreitungsgebiete des Dromedars und des Trampeltieres. Aber die Viehzucht geht zurück, und das Kamel dürfte bald seine Rolle ausgespielt haben. Es sind in den letzten Jahren zahlreiche Versuche gemacht worden, den Feldbau auszudehnen, Russen anzusiedeln und Kirgisen und die stolzen und kriegerischen Turkmenen, die einst gefürchtete Räuber waren, seßhaft zu machen. Künstliche Bewässerung schafft eine Zusammenballung der Bevölkerung. Flußoasen herrschen vor.

Ein Hort alter islamischer Kultur sieht einer langsamen Wandlung durch den Bolschewismus und einer wirtschaftlichen Umwälzung größten Ausmaßes entgegen. In *Repetek* in der östlichen Kara-Kum wurde eine Wüstenforschungsstation eingerichtet. Ein Industrieunternehmen, die Schwefelfabrik von *Serny-Sawod*, die in der Wasserversorgung auf die Zisternenbrunnen turkmenischer Viehzüchter angewiesen ist, wurde im Herzen der „Schwarzen Sande" erbaut. Sicher nachgewiesene Bodenschätze sind wegen Wassermangels noch fast ganz unerschlossen.

Die zentralasiatischen Wüsten

Die zentralasiatischen Wüsten nehmen den Teil Asiens und der ganzen Erde ein, der dem mäßigenden Einfluß des Meeres am meisten entzogen ist, und haben durch ihre Gebirgsumwallung überhaupt keinen oder nur sehr geringen Anteil an den allgemeinen atmosphärischen Bewegungen. Alle von außen wehenden Winde kommen mehr oder weniger abgeregnet an und dringen kaum in das Innere. Ausnahmsweise gibt es ein paar Regenschauer zur Winterzeit. Im äußersten Westen der zentralasiatischen Wüsten fallen kaum 50 mm Niederschläge; das östlichste Glied, die Mongolei, ist im Westen noch fast regenlose Vollwüste, in ihrem größeren Teil erreichen es dagegen schon Ausläufer der Sommerregen

Ostasiens. Im Jahresdurchschnitt empfangen die zentralasiatischen Wüsten Niederschläge von nur 200 mm und weniger. Es besteht eine mehr oder weniger abgeschlossene Luftzirkulation und ein extrem kontinentales Klima.

Im Winter entsteht ein durch die ungeheure Ausstrahlung erzeugtes Kaltluftmeer, und die intensive Abkühlung, der die Wüsten dann unterliegen, weicht im Sommer einer glühenden Hitze. Auch im täglichen Gang sind die Temperaturunterschiede gewaltig. Stürme toben oft wochenlang.

Die echten Wüsten des innerasiatischen Trockenraumes finden sich in einem zusammenhängenden Kerngebiet, das sich von der *Takla Makan* bis in die *Mongolei* erstreckt. Sie liegen meist inselartig in Senken, die durch Schwellen voneinander geschieden sind. Es treten uns in den asiatischen Trockenräumen verschiedene Wüstenarten entgegen, wobei sich im allgemeinen zwischen Sandwüste im Westen und Schutt- und Felswüste im Osten ein breiter Abschnitt Lehm-, Ton- und Salzwüste schiebt.

Die westlichste große Einheit innerhalb des zentralasiatischen Trockengürtels ist das *Tarimbecken*, das, 1300 Kilometer lang und in der Mitte 500 Kilometer breit, von jeher schwer zugänglich gewesen und erst spät bekannt geworden ist. Die Wüste, die das Beckeninnere füllt, führt in ihrer Gesamtheit den Namen *Takla Makan*. Man kann das Tarimbecken als eine Hochebene bezeichnen, da die Ränder 1500 Meter, die inneren Teile 800 Meter hoch liegen, aber diese Höhe verschwindet, verglichen mit den angrenzenden Gebirgen mit ihren über 6000 Meter hohen Gipfeln.

Die Chinesen nennen das Tarimbecken „Hanhai", das „Trockene Meer", und auch die Wissenschaft hat im Grunde des Senkungsfeldes lange einen alten Meerboden gesehen. Heute wissen wir, daß die das Tarimbecken füllenden Ablagerungen Festlandsgebilde sind und von den aus den Gebirgen kommenden Flüssen stammen. Überall erstreckt sich vor den Bergen eine breite Zone von Schuttfächern und Schotterflächen mit den Formen einer reich zerschnittenen Kieswüste. Beckenwärts breitet sich ein Lößgürtel aus, und dann folgen über Tonböden lagernd die berüchtigten Sande, die eine der furchtbarsten Wüsten der Erde darstellen. Viele Flüsse, die von den Gletschern und Schneefeldern der umrahmenden Gebirge gespeist werden, versiegen mehr oder weniger tief in der Wüste. Manche Wasserläufe sammeln sich, zumeist wohl unterirdisch, im *Tarim*, der das Becken an seiner Nordseite in östlicher Richtung durchfließt.

Im Osten des Tarimbeckens fehlt ein Gebirgswall, und hier geht der Trockengürtel in eine Lehmwüste über mit tischähnlichen Erhebungen aus Sanden und Tonen, die „Djardang" heißen und sehr wechselvoll gestaltet und reihenförmig in der Richtung der herr-

Abb. 28. Zentralasiatische Trockenräume. *Lob-Nor-Wüste*. Sand- und Tonablagerungen vom Wind durch Furchen zerschlitzt und in eine Djardanglandschaft verwandelt. (Phot. NORIN)

schenden Nordostwinde angeordnet sind (Abb. 28). Es gibt auch isolierte eindrucksvolle, burgähnliche Lehmklötze, die „Mesa", vom Wind ausgeblasene Wannen und Furchen, und Salztonböden mit echten Kawirformen. Es ist die Wüste, in der sich die aufsehenerregenden säkulären Verlagerungen des Endsees *Lob-Nor* abspielten.

Der *Peschan*, der Typus einer fast eingeebneten Felswüste mit wahren Gebirgsruinen zwischen von Schutt hoch aufgeworfenen Senken, bildet den Übergang zum Rumpfplateau der *Mongolei*, die mit ihren weiten Felsebenen, Schuttflächen, Sanden und Inselbergen von den Randgebirgen nur sehr wenig überragt wird. Ihre zahlreichen breiten flachen Wannen bezeichnen die Eingeborenen als „*Gobi*".

Die *östliche Mongolei* kann man nicht mehr zur Wüste rechnen. Dort wo sie bereits feuchte Meereswinde benetzen, ist sie auch keine Wüstensteppe mehr; sie wird nach Osten zu immer frischer, Grasweiden treten auf, und der Boden ist schon dem Ackerbau zugänglich.

Im westlichsten Wüstenbecken gibt es entlang alter versiegter oder lebender Flußläufe Streifen mit üppigem Pflanzenwuchs. Es sind echte Galeriewälder aus Pappeln und Weiden und Schilfdickichte, in denen — eine Seltenheit in den Wüsten — auch ein reiches Tierleben vorkommt; sogar der Tiger haust hier. Für die offenen Wüsten bezeichnend ist das wilde zweihöckrige Kamel. Von rudelweise zusammen lebenden Läufern ist der Wildesel und vielleicht noch das Wildpferd in der *Dsungarei* zu erwähnen.

Archäologische Beweise sprechen dafür, daß die Flüsse der toten Räume früher länger und die Endseen größer gewesen sind. Aber in geschichtlicher Zeit hat es wohl keine weitere Austrocknung gegeben, und die jetzt in der Wüste liegenden Ruinenstätten, die gewiß einst wie die heutigen Siedlungen in der Nähe der Flüsse lagen, erklären sich aus den häufigen Laufveränderungen der Gewässer. Wie alt und vielseitig die Kultur hier ist, erkennen wir an steinzeitlichen Funden und an Zeugen einer griechisch-iranisch-buddhistischen Zivilisation, die zum Teil wohl noch unter den Sanden der *Takla Makan* schlummert. Ihre Blüte fällt in das 3. bis 6. Jahrhundert n. Chr.

Es liegt ein merkwürdiger Widerspruch darin, daß gerade das wüstenhafte Zentralasien, das durch seine natürliche Armut und Menschenleere die großen Sammelräume der Menschheit trennte, zeitweise politisch so erstarken konnte, daß aus seiner Mitte Eroberer ausgingen mit einer großen organisatorischen Kraft und weltbewegenden Ideen, die nicht nur zerstörend sondern auch aufbauend und völkerverbindend wirkten.

Bei aller Mischung, die die Bevölkerung erfahren hat, gehört sie fast durchaus der mongolischen Rasse an. Die innerasiatischen Wüsten sind die Heimat der beiden größten Wandervölker der Erde, der Türken und der Mongolen. Erstere leben im Westen, letztere im Osten. Am Saum der Wüsten gibt es spärlich Oasen; sie ziehen sich als sehr lockere Reihe dahin und bestimmen die alten Karawanenwege. Der Anbau beruht auf künstlicher Bewässerung. Jetzt wird das Land der Viehzüchter immer mehr eingeengt, durch russische Siedler von Norden und durch chinesische von Osten. Auch die Bedeutung der Nomaden als Karawanenführer hört mit den neuen Verkehrsmitteln auf.

Das Wüstengebiet Nordamerikas

Gemessen an Maßstäben in Afrika und Asien sind in Nordamerika nur Teillandschaften des südöstlichen *Californien* und südwestlichen *Arizona*, die jetzt unter dem Begriff „*Sonorawüste*" zusammengefaßt werden, als echte Wüste zu bezeichnen, während die Trockenräume ein viel größeres Ausmaß haben und auch das Gebiet des sogenannten *Großen Beckens* zwischen *Sierra Nevada* und *Wasatchgebirge* umfassen. Die Niederschläge sind hier deshalb so gering, weil die in das Auflockerungsgebiet der Luftmassen des Großen Beckens einströmenden Winde ihre meiste Feuchtigkeit an den Randgebirgen abgegeben haben. Weiter im Süden liegen *Mohave-* und *Gila-Wüste* schon im Bereich der Passatzone. Der Raum ist auch dem Einfluß der vom Mexikanischen Golf kommenden Winde entrückt, und je tiefer er absinkt, desto extremer werden Trockenheit und Hitze. Die jährliche Regenmenge von *Yuma* beträgt 80 mm, und im gefürchteten Graben des „*Todestales*" noch weniger. Hier wo die Temperaturen alljährlich Wochen hindurch auf 50° steigen, liegt der Hitzepol Nordamerikas und vielleicht der ganzen Erde. Wir sind in dem sonnenreichsten Land der Vereinigten Staaten. Das „Todestal" bringt es auf über 300 wolkenlose Tage im Jahr.

Im *Großen Becken* stoßen wir auf Landschaften von besonderer Eigenart, für die das Wort „Basin Ranges" geprägt wurde, das den weniger glücklichen alten Namen „Great Basin" ersetzen soll. Der Raum ist gegliedert in zahlreiche Einzelkammern durch kulissenartig einander ablösende, kurz abgesetzte Bergketten, die sich „wie eine Armee von Raupen auf dem Marsch nach Süden gegen Mexiko befinden". Die durch Faltungen, Überschiebungen, Brüche und Durchsetzungen von vulkanischen Massen gebildeten Formen sind einem gewaltigen Zerstörungsprozeß unterworfen und durch enorme Schuttmassen weitgehend verhüllt.

In den Vordergrund treten einzelne Ketten, die sich mit scharfem Fuß über die zwischen ihnen in 900—1500 Meter Seehöhe liegenden „Bolsone" erheben, wie man nach einem mexikanischen Ausdruck die flachen Wannen bezeichnet. Sie sind aus Schotter und Lehm aufgebaut und ähneln gleichen Bildungen in der *Mongolei*, doch ist die Einebnung dort viel weitergeschritten. Die nur selten überschwemmten Beckenmitten werden, wenn sie nicht von Schuttfächern verbaut sind, von Salzlachen, Salinen oder Tonebenen, die hier „Playa" heißen, eingenommen. Bisweilen häufen Nordwinde im Süden der Becken Dünen auf, aber Sand tritt in den Trockengebieten der Neuen Welt gänzlich zurück, und die Windwirkung ist gering.

Das Land ist abflußlos; Rinnsale, die es nur im Winter und zu Beginn des Frühlings gibt, sind periodisch, allenfalls auch nur episodisch. Größere Salzseen zeigen die Merkmale eines einst viel höheren Spiegelstandes. Der berühmte diluviale *Bonnevillesee* umfaßte fast das Zehnfache der Fläche des heutigen *Großen Salzsees*, der einen Salzgehalt ungefähr gleich dem des Toten Meeres hat.

Nach Süden senkt sich das Große Becken bis unter den Meeresspiegel. Das „*Todestal*" liegt —146 Meter hoch. Der Trockencharakter des Landes führt hier und in der angrenzenden *Mohave-Wüste* zu wahren Brutstätten der Wüstenbildung.

In den echten *Wüsten des Südens* treten die Gebirge gegenüber den Ebenen zurück. Sie zeigen keine parallele Anordnung mehr wie im Großen Becken und ragen nur als ruinenhafte Hügelgruppen oder skelettartig kahle Inselberge unvermittelt und steil aus dem kaum bewegten Relief der Schuttmassen, die von Trockenwannen, kleinen Soda- und Boraxseen und Alkalisümpfen durchsetzt sind und die *Mohave-* und *Gila-Wüste* hoch auffüllen. In der Mohave-Wüste versiegt der von Süden kommende Mohavefluß; durch die Gila-Wüste bahnt sich von Osten her der Gilafluß seinen Weg durch den von ihm selbst gebildeten Trümmerboden in den unteren Colorado.

Das Gebiet, das dieser im westlichen Abschnitt des *Coloradoplateaus* durchfließt, haben wir zu den echten Trockenländern Nordamerikas zu rechnen, herrscht doch hier im Grund der tief eingeschnittenen Cañons ein heißes Wüstenklima. Das *Gran-Cañon* hat sich in geologisch jüngerer Zeit 1800 Meter tief in fast horizontal gelagerte Schichten über kristallinem Untergrund gesägt (Abb. 29). Plateaureste zwischen den Schluchten zeigen etagenförmige Abstufungen und zahllose Auflösungsformen der Gehänge in Tafeln, Bastionen, Pyramiden bis zu Türmen und Säulen. Es ist eine der monumentalsten Gegenden der Erde, deren Farbenpracht in der *Painted Desert* mit starkem Überwiegen von grell-

Abb. 29. Nordamerikanische Trockenräume. *Gran-Cañon*. (Phot. J. A. KRUG)

roten und weißen Tönen ihren Höhepunkt erreicht und neben den Geländeformen zum eindrucksvollsten Zug im Landschaftsbild wird.

Die Pflanzenwelt wird im *Großen Becken* nach Süden zu entsprechend der zunehmenden Trockenheit und Hitze immer dürftiger. Das breite Kernstück des Gebietes der Basin Ranges wird von einer Artemisialandschaft beherrscht, die ihrem Aussehen nach einer verarmten Strauchsteppe gleicht. In tiefen Beckenlagen treten struppige Salzbüsche auf. Dort wo das Große Becken in die

Trockenlandschaft um den *Coloradofluß* übergeht, vollzieht sich ein
Wandel in der Trockenbuschformation. Kreosotbüsche und Yuc-
cas erscheinen, und wie als Ersatz für Bäume trifft man auch aus
Mexiko eingewanderte Riesenkakteen (Abb. 30 u. 31). Es gibt

Abb. 30. Nordamerikanische Trockenräume. Yucca *(Yucca Mohavensis)* in der
Mohave-Wüste. (Phot. J. C. Th. Uphof)

kaum dichte Vegetationsinseln größeren Ausmaßes. Das helle
Grauocker des nackten Bodens bestimmt den Grundton, und das
Heer der Einzelpflanzen gleicht einem zu fadenscheinig gewebten
Teppich. Die Größe dieser Landschaft liegt in der Gleichförmig-
keit des Vegetationsbildes.

Die volkreichste Stadt des Trockengebietes ist *Salt Lake City*
mit fast 200000 Einwohnern und echt amerikanischen Hochhäu-
sern. Die Stadt wurde von den Mormonen gegründet, die hier

ihr Heiliges Land gefunden zu haben glaubten und deren ursprüngliche Absicht, in der Abgelegenheit des Raumes unberührt von
fremden Einflüssen nur ihrem Glauben zu dienen, schon bald durch
den vorbeiflutenden Strom von Goldsuchern vereitelt wurde. So-

Abb. 31. Nordamerikanische Trockenräume. Etwa 15 Meter hoher *Pachycereus
calvus* in *Nieder-Californien* (östl. *Magdalena Bay*). (Phot. A. HEIM)

weit sonst dem *Großen Becken* und der *Südlandschaft* Siedlungen
abgerungen sind, haftet ihnen eine durch die Landesnatur bedingte
Einseitigkeit an. Sie sind entweder Bergwerkorte oder Kultur-
oasen. Eine Ausnahme sehen wir nur in der Wüste um die *Colo-
radocañons*. Von ihr hat das Touristenheer Besitz ergriffen, doch
ist die Landschaft zu groß, als daß sie durch den Eingriff des Menschen verunstaltet werden könnte.

Die um des Reichtums an Gold, Silber, Kupfer und Blei willen
aus dem Boden gestampften Niederlassungen geben durch ihr Auf
und Ab ein getreues Bild der Entwicklung der Ausbeute der
Bodenschätze. Viele Orte kümmerten oder gingen unter, und an
ihre Stelle traten, um ein Bedeutendes verläßlicher in ihrem Bestand, besonders im Süden, Oasensiedlungen.

Die Trockenstaaten, namentlich *Arizona*, bauten eine Talsperre
nach der anderen und erschlossen in großartiger Organisation
Neuland. Das öde tiefe *Imperialtal* westlich der *Coloradomündung*
ist geschlossenes Gartenland geworden. Teilweise gehen die Anlagen auf alte Bewässerungskulturen der Indianer zurück, wofür
Reste gewaltiger Bauten am *Gilafluß* Zeugnis ablegen. Aber wie
überall auf der Erde liegt auch hier über den Großräumen der
Wüste die Hemmung des Klimas, die auch die modernsten Maß-
nahmen zur Gewinnung von Kulturland zu nur sehr lockerer Bedeutung herabdrückt. Wir kommen am Schluß dieses Bändchens
noch darauf zurück.

Atacama

In der Atacama hat die Trockenzone, die in Südamerika vom
Hintergrund des Golfes von *Arica* diagonal durch das Hochgebirge bis zur *argentinischen Pampa* hindurchgreift, den Charakter
einer extremen Trockenwüste. In *Antofagasta* unter dem Wendekreis waren von 20 Jahren 17 ohne Niederschläge. Weder die föhn-
artigen Winde aus dem Inneren noch die vom Meer kommenden
Luftmassen finden Möglichkeiten der Kondensation. Es kommt
nur zu periodischen Nebelbildungen, die „Camanchaca" heißen
und in breiter Front vom Ozean landeinwärts wallen, aber im
Grenzgebiet von Peru und Chile gibt es auch diese nicht, und es
herrscht hier eine Niederschlagslosigkeit, wie sie sonst wahrscheinlich in keinem Trockengebiet der Erde angetroffen wird.

Die strenge Wüste erstreckt sich über 8—10 Breitegrade zwischen den Andenkordilleren und dem Meer und ist eine stufen-
förmige von Osten nach Westen sich senkende Hochfläche. Hat
man die kahlen grauen, unvermittelt aus dem Pazifischen Ozean
aufsteigenden Küstenketten gequert, dann schweift der Blick nach
Osten über die ebene Wüste, an deren Rand sich die unregelmäßig

gewellten Konturen der Anden über 6000 Meter erheben. Ab und zu ragen Inselberggruppen empor, deren einzelne Glieder die Gestalt breiter Kegel oder runder Kuppen haben, und landeinwärts schließt bis zum Fuß der Berge die Zone der weit vorgeschobenen Schotterkegel an mit cañonähnlichen bis über 1000 Meter tiefen Schluchten und wild zerschnittenen Hängen.

Die Atacama ist auf einer 1000 Kilometer langen Erstreckung nur von Trockenbetten durchzogen. Bloß ein einziger perennierender Fluß, der *Rio Loa*, dessen salpetriges, dem Pflanzenwuchs schädliches Wasser Fälle bildet, bahnt sich einen Weg zum Meer. Ein besonderes Gepräge geben der Wüste die zahlreichen „Salares", mit Salzbrei gefüllte schlammige und zumeist durchwatbare Pfannen, die teils mit einer harten weißen Kruste überzogen, teils von kleinen offenen Flächen einer tiefblauen Salzlauge durchsetzt sind. Ihre Entstehung verdanken sie der Verdampfung feuchter abflußloser Mulden. Die größte dieser Salares, die *Salar de Atacama*, hat viermal die Ausdehnung des Bodensees.

Die Atacama ist eine alte Wüste, die wohl schon im Tertiär bestand. Das Endprodukt der Verwitterung ist ein splittriger bräunlichgrauer Schutt, den nur selten kleine Sicheldünen verhüllen. Der langsam westwärts geförderte Abfall gleicht weitgehend alle Unebenheiten aus, und Felsen und anstehendes Gestein sind selten. Eine dünne merkwürdige Staubhaut, von der wir schon gehört haben, hebt die Wirkung des Windes weitgehend auf, schützt die Lockermassen und verleiht ihnen auffallend weiche Formen.

Das Innere der Atacama ist ein trauriges und farbloses Reich der Trockenheit. Fast das ganze Jahr über brennt die Sonne untertags auf den nackten Boden, der durch die nahezu wasserlose Atmosphäre die empfangene Wärme besonders leicht ausstrahlt, und so gibt es hier trotz der geringen Entfernung vom Ozean sehr große Temperaturschwankungen.

Die Kernwüste ist beinahe ganz kahl. Nur unter dem Einfluß des Küstennebels erscheint gegen Mitte oder Ende des Winters dicht am Meer die flüchtige „Loma"-Vegetation, die wieder verschwindet, wenn sich in den Sommermonaten die Nebel zerstreuen. Die „Loma"-Vegetation ist reich an einjährigen Gewächsen und verleiht der Landschaft fahlgrüne Flecken. Wo Täler aus den Kordilleren zu den hoch ausgefüllten Becken Zutritt haben, sammelt sich im lockeren Schutt nahe der Oberfläche Grundwasser, und hier gibt es bisweilen lichte Bestände eines dickstämmigen, bis 20 m hohen Hülsenfrüchters. Man kann auch auf Gruppen niedriger Algarrobo-Bäume *(Prosopis horrida)* stoßen, aus deren Früchten die Indianer ein berauschendes Getränk namens „Chicha" bereiten.

Das Fehlen der Niederschläge bestimmt nicht nur das Landschaftsbild sondern auch die Tätigkeit des Menschen in der Atacama, denn eng an die Austrocknung ist die Entstehung der überaus reichen mineralischen Schätze geknüpft, wie Borax, Kochsalz und vor allem Salpeter. Nächst dem Salpeter ist das Kupfervorkommen von Bedeutung. In *Chuquicamata* ist die vielleicht größte Kupfergrube der Erde, die ihren Besitzern die Beherrschung des Kupferweltmarktes ermöglicht. Es gibt auch Silbergruben und Guanolager.

Die spanischen Konquistadoren glaubten einst in der Atacama das ersehnte Goldland gefunden zu haben. Was sie suchten, fanden sie nicht. Aber heute, wo der Stickstoffhunger einer sich dauernd vermehrenden Bevölkerung eine überaus ernste Frage wurde, bergen die tagtäglich mit „Chilesalpeter" beladenen Güterzüge, die in dichter Folge aus der Wüste zum Hafen eilen, einen nicht minder kostbaren Stoff als Gold.

Die Schätze, die die Atacama birgt, haben die Menschen in die trostloseste Öde gelockt und eigenartige Arbeiter-Bergbausiedlungen ins Leben gerufen, die ebenso wie die an ungastlichster Küste rein künstlich geschaffenen Hafenstädte mit Wasser und Lebensmitteln von auswärts versorgt werden müssen.

Namib

Es liegt nahe, *Namib* und *Atacama* miteinander zu vergleichen, denn beide sind lange und schmale Küstenwüsten der südlichen Hemisphäre, die analogen, schon besprochenen klimatischen Gesetzen ihre Entstehung verdanken. Sie bilden die Kerne einer Trockenzone, die an der Westseite der nach Süden sich verjüngenden Kontinente annähernd unter dem Wendekreis ihre schärfste Ausbildung erfahren hat.

Die Namib klingt nach Norden und Süden gegen Angola und das Kapland und nach Osten in die Kalahari aus und steht im

136

Raum zwischen *Swakopmund* und *Lüderitzbucht* bezüglich der Winzigkeit der Niederschläge mit der *Atacama* einzig in der Welt da. Immerhin erreicht die Namib eine Jahresmenge von 14 bis 20 mm gegenüber wahrscheinlich noch weniger in der *Atacama*. Wie diese kennt auch die Namib Küstennebel, die kaum 30 Kilometer landeinwärts reichen.

Die Namib ist auch wie die *Atacama* eine alte Wüste, aber sie ist nicht eine Hochebene, die nirgends unter 1000 Meter absinkt, sondern fällt langsam bis zum Ozean. Es trennt sie keine Küstenkette vom Meer, und ihr Rahmen im Osten ist nicht eines der mächtigsten Hochgebirge der Erde, sondern das südwestafrikanische Bergland, das nur im Damara- und Namaland Höhen über 2000 Meter erreicht. Beide Wüsten sind etwa 30—90 Kilometer breit, und beiden fehlt so gut wie ganz das Wasser.

Wie die *Atacama* durchqueren auch die Namib Trockenbetten, in denen der kristalline Untergrund zu sehen ist, in ostwestlicher Richtung gegen die Küste, aber nur der *Swakop* und *Kuisab* erreichen mit ihrem Wasser gelegentlich das Meer. An der Küste sehen wir die Namibfläche häufig in einer Steilstufe enden, oft aber auch als flacher Sandstrand sich in den Ozean senken.

Schon nahe der Küste treten wie Inseln aus einem Meer von Schutt einzelne Berge als Härtlinge hervor, meist nur in flacher Schildform, seltener in steil aufragenden Kuppen, Rücken oder Nadeln; es gibt auch besonders in die Augen fallende Tafelberge. Dort wo sich die Namib gegen das Gebirge des Inneren anlehnt, ist sie durch Schichtfluten eingeebnet.

Im Süden der Namib haben die heftigen Winde merkwürdige, parallel laufende Wannen in das feste Gestein genagt. Sie sind in der Windrichtung gestreckt und bis 20 Kilometer lang und 100 Meter tief, meist aber von viel kleineren Ausmaßen. An diese Wannennamib schließt im Norden ein Gebiet großer Wanderdünen an, die ihr Material teils vom Meer und teils von episodischen Gewässern beziehen.

Eine Flora findet fast nirgends Lebensbedingungen. Sträucher und Bäume fehlen so gut wie ganz. Das wenige, was es gibt, trägt oft ein sehr altertümliches Gepräge, wie die Welwitschie, vielleicht die längstlebige Pflanze überhaupt, die aus sehr dickem Stamm Wurzeln 20 Meter nach unten zum Grundwasser senkt

und deren lederartige meterlange Blätter sich wie Tintenfisch-
arme am Boden dahinschlängeln. Die Welwitschie ist selten
geworden, und ihre Zerstörung wird strenge bestraft. Eine andere Charakterpflanze der Namib ist der Naraskürbis, dessen
Früchte den Eingeborenen als Nahrung und als Getränk zugleich
dienen.

Ganz wie die *Atacama* liegt die Namib als Verkehrsriegel vor
dem Hochland, und nur zwingende Gründe lassen den Menschen
die Schwierigkeiten eines Eindringens überwinden. Beide Wüsten
besitzen ihren Wert im Bergbau, die Namib in den in alten Fluß-
sanden gefundenen Diamanten, die hauptsächlich im Raum von
Lüderitzbucht gewonnen wurden.

Die ablehnende Haltung der vom Atlantischen Ozean mit hoher
Brandung umtosten Küste wird verstärkt durch die Wüste, die
überall bis hart an das Meer stößt. Häfen an der verkehrsfeind-
lichen Küste sind wie in Chile ganz auf den Bergbau abgestellt.
Sie haben kein unmittelbares Hinterland, aus dem sie ihre Lebens-
kräfte beziehen könnten und gehen seit dem Rückgang der Dia-
mantenförderung ständig zurück.

An herumliegenden Steinwerkzeugen, allenfalls an Reibplatten
und Mahlsteinen, erkennt man in der Wüste meist in der Nähe
von Wasserlöchern die Stellen, an denen die Buschleute, die im
Laufe der zweiten Hälfte des 18. Jahrhunderts in die Namib verdrängt wurden, verweilt haben. Sie haben nie an die Weißen An-
schluß gefunden, wie es die Indianer aus den Aimara- und Chango-
stämmen taten, die in den Bergbausiedlungen der *Atacama* arbeiten
und einer ähnlichen Beschäftigung offenbar schon vor der Erobe-
rung oblagen.

Die australischen Trockenräume

Noch weniger als in Nordamerika kann in Australien der größte
Teil der Trockengebiete als Wüste bezeichnet werden; selbst das
„Tote Herz" dieses Erdteiles, der Raum um den *Eyresee*, vermag
sich nach Regenfällen in eine grüne Steppe zu verwandeln, und
weitaus die meisten Flächen der 2,8 Millionen Quadratkilometer
umfassenden Trockenräume Australiens sind wohl überaus wasserarm, aber durchaus nicht pflanzenleer.

138

Daß das Innere von Westaustralien so wenig Niederschläge hat, ist leicht verständlich, denn die vom Meer herangeführte Feuchtigkeit des Südostpassates kommt nur den ostaustralischen Gebirgsketten zugute; die tropischen sommerlichen Monsunregen dringen von Norden her auch nicht tief in das Festland, und ebenso erstrecken sich die südaustralischen Winterregen nicht weit nach Norden. So geht die Mitte des Kontinentes zumeist leer aus, wenn auch dann und wann ganz plötzlich einsetzende Wolkenbrüche zu verheerenden Überschwemmungen führen können. Aber oft bleiben Regen im sommerheißen, winterkühlen Binnenland jahrelang aus. Es gibt Temperaturschwankungen wie in den strengsten Wüsten Afrikas und Asiens und eine Lichtfülle, die kaum ihresgleichen auf der Erde hat.

Die Trockenräume Australiens sind über weite Flächen von großer Einförmigkeit. Sie bestehen aus einem archäischen Hochland von 300—500 Meter Höhe, das zum Teil auch aus Sandstein aufgebaut und überragt ist von verstreut dem Plateau aufgesetzten niedrigen, oberflächlich mit einer besonderen Hartkruste bedeckten tafelförmigen Inselbergen. Nur der stark zerrissene Granitzug der *Musgravehöhen* und die mehrgliederige 400 Kilometer lange Mauer des uralten *MacDonnellsystems* erreichen etwa in der Mitte des Erdteiles 1600 Meter Höhe und bilden den Grundstock der in westöstlicher Richtung sich erstreckenden inneraustralischen Ketten (Abb. 32).

Von hier aus ziehen die *Große Sand-Wüste* nach Nordwesten, die *Gibson-Wüste* nach Westen und die *Victoria-Wüste* nach Süden. Im Osten liegt die *Aranta-Wüste*, und gegen Südosten geht es hinab zum Becken des *Eyresees*, dessen Spiegel 12 Meter unter dem Meer liegt. Alle Oberflächenformen sind beherrscht vom trockenen Klimacharakter in den verschiedensten Varianten. Aber wie immer die ungeheuren Weiten im einzelnen ausgestaltet sein mögen, stets lastet auf ihnen eine erschreckende Monotonie.

Vieles ist Einebnungsfläche, bedeckt mit scharfkantigem Schutt oder Eisenschwülen. Es gibt keinen längeren Wasserlauf; Australien ist das klassische Land der vertrocknenden Flüsse. Nur tischebene Ton- und Salzpfannen, die durch schmale flußartige Strecken verbunden sind, durchsetzen das Trockengebiet und tragen nicht dazu bei, sein Bild freundlicher zu gestalten. Die blauen Seen, die auf unseren Landkarten eingetragen sind, erweisen sich als Stellen echter Vollwüste. Einer der ausgedehntesten dieser „Seen" im Raum zwischen *Gibson-* und *Großer Sand-Wüste* führt den trefflichen Namen *Lake Disappointment.* Manche sogenannte Seen, wie

Abb. 32. Australische Trockenräume. Blick vom *MacDonnellgebirge* gegen die zentralaustralischen Wüsten. (Phot. F. Hurley)

der *Amadeussee* zwischen *Musgrave-* und *MacDonnellgebirge,* ähneln persischen Kawiren, wenn der Wind feuchte Luft vom Meer bringt und ihre sonst mit einer Gips- oder Salzkruste bedeckte Oberfläche in eine Schlammasse verwandelt.

Um den *Eyresee,* dessen Fläche zwischen dem Areal von etwa Kärnten oder Tirol schwankt, liegen nach unserer Kenntnis die trockensten Räume von ganz Australien mit 125 mm Regen im Jahresdurchschnitt. Trockenbetten, die in den Gebirgen wurzeln,

haben sich tief in weiches Material eingesenkt, und wenn einmal
ein Ruckregen in den Bergen niedergegangen ist, dann wälzen
sich Wasser und Schlamm bis an die Ufer des seichten Eyresalz-
sumpfes heran und erinnern an die feuchtere Zeit, in der das Riesen-

Abb. 33. Australische Trockenräume. Steinwüste bei *Oodnadatta* (nordwestl.
Eyresee). (Phot. Ch. P. Mountford)

känguruh und das nashorngroße Diprotodon hier lebten und
von der die Sagen der Eingeborenen erzählen.

Wenn die Trostlosigkeit dieses Gebietes noch überboten werden
kann, so durch die großen zusammenhängenden Steinflächen westlich der Eyresee-Depression gegen die *Stuartberge* hin. Kantige
Blöcke in allen Größen sind auf diesen „Gibber Plains" unabsehbar weit umhergestreut, und selbst die Eingeborenen scheinen

141

Furcht vor dieser Landschaft zu haben, deren Querung mit großen Schwierigkeiten verbunden ist, denn eine Stelle führt den Namen „*Narikalinanni*", was so viel wie „Ort des Todes und der Vernichtung" heißt. Wie ein Hohn der Natur ist es, daß gerade diese sonnendurchglühte Wildnis den Menschen in seiner Habgier reizt, denn sie birgt einen begehrten Halbedelstein, den Opal (Abb. 33).

Infolge der weiten Verbreitung von Sandstein gibt es Sandflächen und Dünen, aber größere Räume beweglichen, höher aufgeschütteten Sandes sind in Australien unbekannt. Vielleicht hat Sand ein bewegteres Relief verschüttet, wo er von felsigen Flächen unterbrochen wird. Fast überall ist er von wertlosem, hartem, scharfkantigem Stachelschweingras *(Spinifex)* befestigt und nimmt die Form einer welligen Sandsteppe an oder ist in langen parallelen Reihen angeordnet. Der Sand ist vielfach karmesinrot, wie der der arabischen *Nafud*, und die fahlgrünen Spinifexhalme, die in Büscheln wachsen, stehen zu ihm in auffallendem Gegensatz.

Die Spinifexdünenlandschaften bedecken in Australien Flächen von der Größe Deutschlands und Frankreichs zusammen und gehören zu den jammervollsten Landschaften der Erde. Sie vermitteln ein Gefühl von einer lähmenden, schier unüberwindlichen Weite, in der das Auge, durch den zitternden heißen Dunst gequält, nirgends einen Halt findet. Das Bewußtsein, durch Tagereisen keinen Tropfen offenen Wassers anzutreffen, lastet schwer auf der Seele.

Überhaupt scheint in den australischen Trockenräumen Vegetation die Verlassenheit nicht zu mildern sondern eher zu verschärfen. Wo der berüchtigte Scrub, der „Busch", das Land bedeckt, liegt es wie ein Fluch auf ihm. Es ist die zweite für das trockene Innere eigentümliche Pflanzengemeinschaft, die Akazien, Myrthen, Salzbüsche und alles mögliche steife, dornige und spitzblättrige Gesträuch zusammensetzen, und die man hauptsächlich im Westen und Süden des Binnenlandes antrifft. Sie bildet ein verfilztes Gestrüpp, gerade hoch genug, daß man nicht darüber hinwegblicken kann und jede Übersicht verliert. Stellenweise wachsen die Pflanzen so dicht, daß man nicht hindurch kann. Man wird tief entmutigt durch diese Landschaft. Schon die alten Forschungsreisenden sahen in dem bewegungslosen entnervenden Scrub einen ebenso grausamen Feind wie die Wassernot. Selbst dem Brand widersteht er.

Die Weißen haben das wasserlose Australien, in das sie, wie in so viele andere Wüsten, voll Hoffnung auf Goldsuche einzudringen versuchten, nach geringen Erfolgen fast zur Gänze wieder verlassen. Reste von geplünderten Wellblech- und Holzbaracken in schattenloser Einsamkeit sprechen von viel Leid und wenig Erfüllung. Hier standen einst Wohn-, Gast- und Warenhäuser. Haufen leerer Konservenbüchsen liegen umher. Schlaff und verrostet hängen Förderseile in die Luft. Känguruhs und Papageien bewohnen menschenleere Ruinen.

Nun sind die Trockengebiete zum weitaus größten Teil wieder den scheuen Australschwarzen überlassen, deren Spürsinn sie befähigt, in Gebieten Lebensbedingungen zu finden, wo jeder Weiße vor Hunger und Durst umkommen würde. Die Zahl der Eingeborenen war nie groß. Spärliche Wasserlöcher in einzelnen Mulden oder am Fuß der Berge sind die Stützpunkte der Wanderwege ihrer Herden.

X. Die Zukunft der Wüsten

Können wir uns in Wüsten zusätzliche Nährflächen sichern, die uns helfen, den Bevölkerungsdruck und den Nahrungsmangel zu lindern und der Zeit zu steuern, in der die Lebensmittel der Erde nicht mehr ausreichen werden, die Menschheit auch nur einigermaßen zu ernähren? Oder verlieren wir gar Boden, statt neuen zu gewinnen dadurch, daß die Wüste fortschreitend Kulturland erobert? Die Wüste ist eine unberechenbare Macht, deren stilles, fast unsichtbares Herankommen nicht abzuschätzen ist.

Hat nicht die Wüste in erschreckendem Maße in den letzten paar tausend Jahren Land, das Menschen bewohnten, verschlungen? Wo die Wiege eines großen Teiles unserer Kultur stand, dehnt sich leere Öde.

Erschüttert stehen wir vor den Ruinen römischer Bauten tief im *Fezzan*, wo jetzt nicht einmal bedürfnislosestes Nomadenvieh sein Leben fristen könnte. Kaum für das Auge erkennbar durchziehen das *Zweistromland* zwischen Tigris und Euphrat nackte

Wälle, die letzten Reste eines einst umfangreichen Bewässerungs-
systems, das fruchtbares Ackerland und blühende Gärten schuf,
wo der Boden ausgedörrt ist wie eine Landschaft am Mond. In
Persien, das schon in der Vorzeit eigene Wege der Wasserbeschaffung und -speicherung beschritt, stößt man vielerorts am Rande

Abb. 34. Oasensterben. Durch Vernachlässigung der künstlichen Bewässerung
absterbende Dattelpalmenpflanzung in *Deh Salm* (Persische Wüsten). (Phot.
Gabriel)

der *Lut* auf die Trümmer aufgelassener Siedlungen, die in der
Sonne und dem Wind der Wüste zerbröckeln. Es fällt nicht schwer,
Beispiel über Beispiel anzuführen.

Es ist kein Zweifel; die Wüste ergreift Besitz von Heimstätten
der Menschen. Französische Kolonialverwaltungsbeamte haben
berechnet, daß in den letzten drei Jahrhunderten die *Sahara* jährlich
fast um einen Kilometer in die südliche Randzone vorrückte. Es
gibt ein Oasensterben in vielen Wüsten, hervorgerufen durch
Nachlassen der Niederschläge, Absinken des Grundwasserspiegels
und zunehmende Versandung (Abb. 34). Karawanenwege werden
ungangbar, die noch vor hundert Jahren benutzt wurden, und
wenn wir dies nicht beachten, so nur deshalb, weil unser Kraft-

144

wagen nicht auf ein paar fragliche Wasserlöcher oder elende Futter-
plätze für Kamele angewiesen ist.

Ist das Klima oder sind die Menschen an der fortschreitenden
Verwüstung schuld? Über beide Fragen ist ein umfangreiches
Schrifttum entstanden. Früher waren wir geneigt, eine Klima-
änderung verantwortlich zu machen, aber es ist schwer zu entscheiden, in welche Richtung die Pulsationen gehen, da sich
Schwankungen erfahrungsgemäß nur im Lauf von Jahrtausenden
vollziehen. Die Fehler des sorglos wirtschaftenden Menschen aber
können wir auf Schritt und Tritt verfolgen, und heute geben wir
seiner Rolle für den Wandel der Dinge den Ausschlag.

Dort, wo die Menschen nur Jäger und Sammler waren, wurde
das Landschaftsbild in den Trockenländern wohl kaum von ihnen
verändert. Aber mit dem Einsetzen der Viehzucht wechselte der
Zustand. Eine planmäßige Nahrungsmittelsuche begann und damit der erste tiefere Eingriff in das natürliche Pflanzenkleid. Mit
der allmählichen Zunahme der Zahl der Menschen und der Viehherden fing der zuerst nur schädigende, dann zerstörende Einfluß
an, sich flächiger zu verbreiten; er wuchs und wurde immer nach-
haltiger.

Wir können uns ausmalen, wie es weiter ging. Ein paar Jahrtausende ununterbrochener menschlicher Eingriffe mußten den
ganzen Landschaftshaushalt umstoßen.

Zuerst entstanden konzentrische Ringe abnehmenden Zerstö-
rungsgrades der Vegetation um jede einzelne bewohnte Stelle, eine
Erscheinung, die wir in Trockenräumen immer wieder beobachten
können. Je näher es einer menschlichen Niederlassung zu geht,
desto dürftiger wird die Pflanzenwelt; nur mehr die nutzlosesten
Gewächse bleiben stehen, und in unmittelbarem Umkreis des
Wohnplatzes ist alles kahl.

In immer weiterem Ausmaß wurde das Land durch Tierfraß
von allen der Weide dienlichen Pflanzen entblößt. Unter den Her-
dentieren, die sich auf jeden grünen Trieb stürzten, war die Ziege
der größte Schädling, kletterte sie doch sogar auf Bäume. Eine
Weidefläche nach der anderen verschwand. Was an holzigen Gewächsen noch übrig war, fiel der Axt des Menschen zum Opfer,
denn Brennholz kommt in der Wüste an Wichtigkeit gleich nach
Wasser. Die Wurzeln der Gewächse verdorrten, und das Grund-

wasser sank ab. Von Anbau war keine Rede mehr. Aus Steppen waren erst Halbwüsten und dann ganz nackte Räume geworden.

Auseinandersetzungen mit Nachbarvölkern und kriegerische Verwicklungen beschleunigten den beklagenswerten Verlauf. Wo es künstliche Bewässerung gab, fehlte nicht viel, die oft fein ausgeklügelten Anlagen zum Zusammenbruch zu bringen, und besonders rasch hatte die prekäre Wasserversorgung durch unterirdische Leitungen, wie bei den persischen „Qanaten" oder den nordafrikanischen „Foggara", durch Vernachlässigung ihren Dienst eingestellt.

War einmal die Vegetationsfläche aufgelöst und das Erdreich durch Mensch und Vieh gelockert, dann konnte die Verwüstung in die verschiedensten Richtungen gehen. Es kam zu Bodenabspülung und Erosion; oder der Wind griff an, verfrachtete Staub- und Sandmassen, überwehte die Brunnen und schuf eine Decke, die höher und höher wuchs und die Grundwasservorräte unerreichbar machte. Auf jeden Fall kam es zu Veränderungen des Wasserhaushaltes und des Geländeklimas.

Ob nun heute das Ergebnis zerrissenes Rachelland, blanker Fels, sterile Salzwüste oder was sonst für ein leerer Raum ist, es fällt schwer, sich den ursprünglichen Zustand vorzustellen. Nur das eine sehen wir sicher: die Wüste hat gesiegt.

Läßt sich eine solche bis zur Gegenwart sich fortsetzende Entwicklung aufhalten? Können wir die Mißgriffe des Menschen wieder gut machen und das von ihm so schändlich degradierte Land wieder so weit bringen, daß es dem Hirten und seinem Vieh die alte Existenz ermöglicht? Können wir die Folgen der Fehler des Menschen vielleicht sogar in das Gegenteil verkehren?

Wir haben gesehen, daß die Entwicklung in unseren Tagen zur Seßhaftigkeit des Menschen der Wüste führt. Aber immer mehr Stimmen werden laut, die davor warnen, das Nomadentum zu bekämpfen, weil es für viele Trockenräume als die wesensgemäße Wirtschaftsform angesehen werden muß. Man erkennt, daß der Wanderhirte nicht niedergehalten werden soll. Es ist durch natürliche Bedingungen vorbestimmt, daß weite Gebiete sich wirtschaftlich nur durch extensive Viehzucht nutzen lassen.

Um aber den fast überall stark zurückgegangenen Bestand der Herden wieder aufzufüllen, müssen wir das Land zurück in einen

Zustand versetzen, daß außergewöhnliche Dürrezeiten nicht mehr
zu einer Katastrophe führen und daß Tierfraß nicht mehr die Weiden verdürftigt. Nur so geben wir dem Viehzüchter der Wüste
die Möglichkeit, seine alte Wirtschaftsform aufrechtzuerhalten
oder wieder aufzunehmen. Es besteht sogar die Aussicht auf Über-
produktion, und im Geist tauchen in Gebieten, die heute nur mehr
ärmliche kleine Tierbestände ernähren, Schlacht- und Kühlhäuser
auf, in denen eine zusätzliche Gewinnung von den Herden in feuchten Jahren aufgestapelt und verarbeitet werden kann.

Man befaßt sich mit Plänen, die darauf hinauslaufen. Es gilt
in erster Reihe günstige Stellen zur Anzapfung des Grundwassers
zu finden und eine Versalzung des Bodens zu bekämpfen, um neue
Weiden zu schaffen. Es werden Brunnen gebohrt, man versucht
Hochwasser in Gebiete mit tiefgründigerer Bodenbildung abzu-
leiten, und, wo es angeht, wird aufgeforstet. Die Möglichkeit,
manche zur Wüste gewordenen Striche wenigstens zu einem für
Nomaden geeigneten Lebensraum zu gestalten, ist sicher vorhanden.

Aber viele Zehn- und Zwanzig-Jahres-Pläne, denen wir heute
gegenüberstehen, gehen weit über dieses Ziel in ganz andere Richtung hinaus. Die Wüsten der Erde sollen erschlossen, dem Kulturland eingegliedert und zum *Verschwinden* gebracht werden.

Berauscht von der Macht, die uns die Technik in die Hand gibt,
plant der ungestüm vorgreifende Geist immer weiter und eröffnet
Ausblicke mit ungeahnten und oft unglaublichen Möglichkeiten.
Befugte und Unbefugte haben über die Begrünung der Wüsten
geschrieben, und je phantastischer die Pläne waren, mit desto größerer Begeisterung sind sie aufgegriffen worden. Es soll die Zeit
kommen, da es keine Wüsten mehr gibt, und der ganze Bereich,
den sie jetzt einnehmen, zum Besten der Ernährung der Menschheit genutzt wird.

Bei diesen mit großer Überzeugung vorgetragenen Projekten
scheiden Wüsten, die ihren Eigenwert durch ihre *Bodenschätze*
haben, aus. Und Bodenschätze bergen die Wüsten in Fülle. Man
werfe nur einen Blick auf einige der beigefügten Kärtchen, auf
denen die allerwichtigsten Bergbauzentren vermerkt sind.

Der ganze Wüstengürtel vom Atlantischen Ozean bis an die
Schwelle von Zentralasien ist erdölfündig, und es entzieht sich

unserer Kenntnis, wie es in den Trockenräumen weiter im Osten aussieht. Allein für die *französische Sahara* liegen die neuesten Schätzungen der Ölvorräte zwischen 400 bis 500 Mill. t Rohöl[1]. Wie die Ölfelder in der Sahara so wurden auch die großen Eisenerz- und Kupfervorkommen in *Mauretanien* erst spät geologisch erkundet und kartiert. In jüngster Zeit geht man den weit verstreuten Anzeichen von Zinn, Wolfram, Kolumbit und Tantalit in den Bergen von *Air* und dem *Hoggar* nach, und hier wie in *Tibesti* gilt besonderes Augenmerk der Suche nach Uran, von dem Spuren festgestellt wurden.

Wir können nicht die Zukunftsaussichten der einzelnen Wüsten auf Grund ihrer Bodenschätze besprechen. Auf manche Vorkommen ist hingewiesen worden. In vielen Wüsten ist das Klima, wie wir schon sahen, an die Entstehung und das Bestehen der hier vorkommenden mineralischen Schätze geknüpft. In der *Atacama* läßt das im Osten in den Bergen niedergehende Wasser, das unterirdisch in die Wüste fließt, durch Verdunstung die von ihm gelösten Salze zurück, und so sind die bedeutenden Boraxlager entstanden. Die Salpeterlager sind zweifellos eine Folge ganz besonders gearteter geophysikalischer Bedingungen. Sie liegen sämtlich in einer Region mit weniger als 10 mm Niederschlag. Der Reichtum an Ultraviolett-Licht in einer gewissen Höhe über dem Meer mag bei der Salpeterbildung mitspielen. Auch die Guanolager in der *Atacama* sind durch das Wüstenklima bedingt.

Es ist bemerkenswert, daß bisher nie Kohle in einer Wüste gefunden wurde. Die „Saharakohle" aus dem Raum von *Colomb-Béchar* stammt aus einem am Rand der Steppe liegenden Gebiet, das bereits durch Klima und Pflanzenwuchs begünstigt ist. Die Folgerung scheint erlaubt, daß es nahe den Wendekreisen auch in der Vorzeit regenarme Räume gab, in denen keine Kohlensümpfe entstehen konnten.

Viele Wüsten rücken in den letzten Jahren durch ihren Reichtum an Bodenschätzen in den Blickpunkt des Interesses. Luftbildaufnahme, geologische Interpretation und eigentliche Bodenerkun-

---

[1] Die angegebenen Produktionszahlen betragen für 1958 schon $1/2$ Mill. t, für 1960 etwa 10 Mill. t. Die Bedeutung der Produktion kann durch Vergleiche mit anderen Erdölförderungen erkannt werden (Zahlen von 1957): Iran 35,5 Mill. t, USA 352 Mill. t.

148

dung beginnen schrittweise die Voraussetzungen für Bergbaufor-
schung zu schaffen. Die Erschließung des verfügbaren Wassers
soll nicht neuem Fruchtland sondern neuen Bevölkerungsballun-
gen zugute kommen. Schon ist das Wort vom „Nordafrikanischen
Ruhrgebiet" gefallen. Wir teilen nicht diese Illusion, heben aber
hervor, daß die Entwicklung am Anfang einer weitgehenden Um-
gestaltung vieler Trockengebiete steht. Über so manche Klima-
wüste beginnt sich ein Netz von Bergbau- und Industrieoasen zu
legen, dessen Knoten keineswegs mit den alten schon vorhandenen
Oasenzentren zusammenfallen müssen.

Bodenschätze in Wüsten rufen stets zwei Probleme hervor,
deren Lösung es erst überhaupt ermöglicht, den Abbau in Angriff
zu nehmen: Die Heranschaffung und Versorgung der Arbeits-
kräfte und die Rentabilität des Transportes. Die Frage eines Be-
grünens der Wüste stellt sich nicht. Erfüllen beispielsweise die
großen Hoffnungsgebiete in der Sahara, *Hassi Messaud*, *Edjeleh*
und *Hassi R'Mel*, in der Zukunft die Erwartungen, die an sie
geknüpft werden, dann ist es nicht so wichtig, ob diese Schatz-
kammern mit ihren technischen Stützpunkten, den Flugplätzen,
Rohrleitungen, Asphaltstraßen und anderen Dingen, die die Einsamkeiten heute entzaubern, in der Wüste oder in feuchten Klimazonen liegen.

Wie steht es nun mit den Wüsten ohne Bodenschätze? Ist die
Schaffung einer „*Grünen Wüste*" im Bereich der Möglichkeit? Brot
ist wichtiger als Öl und Gold, und Kulturtechniker, Bodenfach-
leute, Chemiker und Physiker beschäftigen sich ungeachtet der
Wildheit der Naturkräfte und ungeachtet der Riesenhaftigkeit der
Räume, in denen sie herrschen, mit Vorhaben, die Wüste zu begrünen. Sie können auf beträchtliche Erfolge hinweisen. Wir wissen ja schon lange, daß der Wüstenboden an sich durchaus nicht
unfruchtbar ist und daß ihm nur die Durchfeuchtung fehlt und
er mit dieser in allerkürzester Zeit staunenswerten Bewuchs her-
vorzaubert. Es ist kein Zweifel, daß die Wüste an den Stellen,
die der Bewässerung zugänglich sind, reich ist.

Unsere Technik beschreitet verschiedene Wege.

Mit ganz besonderer Erfindungskraft scheint man in Israel an
das Problem heranzugehen. Die *Negeb-Wüste* ist die große Zu-
kunftsaufgabe für dieses Land. Man baut Sonnendestillations-

werke, die aus schwer versalztem Wasser süßes Wasser erzeugen. Ionenaustauschwerke liefern aus Salzwasser im Laufe eines Tages 10 t Wasser, dessen Salzgehalt man auf jeden gewünschten Grad herabschrauben kann. Man macht Versuche mit Nylonflocken, mit denen offene Staubecken überstreut werden, um die Verdunstung zu verhindern. Mit Scharfsinn werden immer neue Methoden ausgedacht, und Optimisten sind überzeugt, der *Negeb* werde einst ebenso ertragreich sein wie der Norden von Israel.

Die größten Projekte gehen dahin, Wasser von auswärts in die Wüste zu leiten und sei es auch nur das Meer. Pläne, das Mittelländische Meer westlich des Nil in die *Kattarasenke* oder im Raum von Haifa in das *Tote Meer* zu leiten, sollen nur erwähnt sein. Näherliegend ist es, mit dem Süßwasser nicht zu ferner Flüsse die Wüste zu überstauen. So gibt es ein Vorhaben, die *Sahara* vom Kongobecken aus zu bewässern und das Wasser über tausende Kilometer Wüste um das *Hoggargebirge* herumzuführen und einen „zweiten Nil" bilden zu lassen, der in der kleinen Syrte das Mittelländische Meer erreichen würde.

Aber halten wir uns an Projekte, deren Ausführung nicht nur sicher möglich sondern bereits zum Teil wenigstens gelungen ist.

Der Plan, Flüsse umzuleiten, um Neuland der Bestellung zuzuführen, ist beispielsweise schon mit Erfolg in Persien durchgeführt worden, wo das Quellgebiet des *Karun* angezapft und sein Wasser in den *Zaiyendehrud* geleitet wurde und nun Ödland im *Isfahaner Becken* bewässert. Zu den großartigsten Leistungen auf dem Gebiet der Nutzbarmachung wüsten Landes durch Aufstau und Abzapfung großer Flüsse gehören die im *Nigerknie*, wo das „Nigerische Ägypten" entsteht. Auch in den *aralo-kaspischen Wüsten* sind die Aussichten vielversprechend. Hier ist mit einem gigantischen Bewässerungssystem begonnen worden.

Vom *Amudariya* wird unweit der afghanischen Grenze ein Kanal abgezweigt, der durch die *Kara-Kum* in den Raum von *Merw* und *Tedjen* geleitet wird. Der erste über 400 Kilometer lange Bauabschnitt war im Jahre 1957 im Rohbau abgeschlossen, und es konnte angeblich bereits ein Baumwollanbaugebiet von 100000 Hektar geschaffen werden. Der Kanal hat eine Tiefe von über 4 Metern und eine obere Breite von 150 Metern und ist schiffbar. Die Uferzonen sind schon zum Teil bewachsen und ähneln mit

ihren Sumpfböden und hohen Schilfdickichten denen des Amudariya. Die Arbeiten an einem zweiten Projekt, dem *Turkmenischen
Hauptkanal*, der das heutige Delta des *Amudariya* in den *Aralsee*
mit dem *Kaspisee* verbinden und zum Teil im Bett des *Usboi* geführt
werden soll, sind in den letzten Jahren zurückgestellt.

In fast allen Wüsten der Erde ist da oder dort durch sinnreichen
Bau von Staudämmen und Kanälen das verfügbare Naß verzehn-
facht und ein Dauerfeldbau ermöglicht worden. So sind beispielsweise vordem völlig unfruchtbare Striche in *Arizona* und *Californien* üppigem Kulturland gewichen. Mit der Vollendung des Roo-
sevelt-Staudammes im Raum der *Gila-Wüste* ist *Phönix* eine Oase
von 50000 Einwohnern geworden. In solchen künstlich bewässer-
ten Strichen trifft man Volksdichten über 200, ja über 700 auf den
Quadratkilometer, und erreicht bei der Möglichkeit mehrfacher
Ernten die höchsten Werte, die man auf der Erde kennt.

Bei diesen Anlagen sind Oasen hauptsächlich durch Oberflächenwasser geschaffen worden, aber unsere Zukunftsträume
gehen dahin, aus dem *Schoß* der Wüste die befruchtenden Quellen
zu schlagen und auf diese Weise ein oberirdisches Fruchtland entstehen zu lassen. Geben die neuen grünen Inseln, die in vielen
Trockengebieten durch artesische Brunnen entstanden sind, Hoffnung, auf diese Art *alle* Wüsten der Erde zum Blühen zu bringen?
Wandern wir nicht nach einer weit verbreiteten Ansicht in der
Wüste auf einem unterirdischen Süßwassermeer, dessen Decke wir
nur sprengen müssen, um die „Grüne Wüste" ins Leben zu rufen?

Leider müssen die Voraussetzungen für solche Ideen in das
Reich der Märchen verwiesen werden, es sei denn, unsere Ein-
sichten über den Wasserhaushalt der Wüsten würden durch neue
Entdeckungen völlig umgestoßen. Vorläufig sind nur bruchstück-
weise über ausgedehntere Wüstengebiete hinweg Grundwasser-
horizonte festgestellt worden, und von diesen ist zumeist nicht
erwiesen, woher sie stammen.

Selbst wenn die Menge der Niederschläge und die Art ihres
Niedergehens für ein bestimmtes Gebiet bekannt sind, wissen wir
nicht, wie weit sie die im Boden ruhenden Wasserreserven berühren. Viel verdunstet, einiges wird schwebend im Boden und
nicht ausnutzbar festgehalten, und manches auch von Pflanzen
verbraucht. Das Grundwasser, das wir finden, kann aus den in der

unmittelbaren Umgebung versickernden Niederschlägen gespeist sein oder auch, wie wir schon hörten, Reisen von vielen hundert Kilometern aus weit entfernten Gebirgslandschaften hinter sich haben. Es kann auch aus vorangegangenen Feuchtzeiten stammen.

Fast überall sind uns diese Zusammenhänge unklar, und sicher scheinen nur die Berechnungen der Forscher, wonach alle vorhandenen, gewiß in manchen Wüsten beträchtlichen unterirdischen Wassermengen nicht ausreichen würden, auch nur Teilgebiete des ganzen Ödlandes der Erde zu begrünen.

Von vielen Wüsten ist bewiesen, daß sie ganz hoffnungslos sind, weil es in ihnen nur minimale Wasservorräte gibt. In den australischen Trockenräumen bestehen keine Möglichkeiten zu ausgedehnter künstlicher Bewässerung, weil auch das Naß der wenigen Gebirgsketten zu gering ist. Das Schicksal des Landes ist, daß es einfach nicht genug Wasser gibt, weder über noch unter der Erde, und damit erledigen sich alle noch so blendenden Vorschläge, die Wüste fruchtbar zu machen.

Man hat sowohl dadurch, daß Oberflächenwasser in richtige Bahnen gelenkt wurde als auch durch Anzapfung unterirdischer Wasservorräte sehr vieles in Trockenräumen erreicht, wenn auch lange nicht die in geschichtlicher Zeit gemachten Fortschritte der Wüste ausgeglichen. Betrachten wir einmal die richtigen Maße.

Es sind beispielsweise durch die großartigen Arbeiten in den Trockengebieten des asiatischen Rußland bislang 1,7% Boden, doch zumeist nur in Halbwüsten, bewässert worden, und vielleicht besteht die Aussicht, diese Fläche einmal auf 4% oder gar 5%, freilich auch nicht in extremen Wüsten, zu bringen. In anderen Wüsten sehen die Zahlen noch ungünstiger aus. Das eine tritt deutlich zutage, daß die Stellen, wo die Wüste vor dem Menschen zurückweichen mußte, nur wie Punkte oder Striche in einem Meer sind.

Im besten Fall können wir vielleicht dort, wo ganz große Entwürfe zur Ausführung kommen, die Umwandlung mancher begrenzter Landschaften erwarten, doch des echten Gegners, der durch das Klima erzeugten Wasserlosigkeit, werden wir nie Herr werden, und alle Träume der Urbarmachung der großen Wüsten der Erde kommen denen, die einen großen Teil des Lebens in ihnen zugebracht haben, utopisch vor.

Wohl ruht die Wüste nicht. Das extreme Wüstenklima mit allen seinen Folgen ist ein heikles System von Kräften, die sich leicht ändern können. Und so hat sich die Wüste auch stetig geändert und auch ihre Grenzen verschoben und tut dies in kleinem Ausmaß auch jetzt noch. Der Mensch kann bis zu einem gewissen Grad das Spiel der Wüstenkräfte beeinflussen. So bedingen beispielsweise Abholzung und Aufforstung ein geringes Weniger oder Mehr der Niederschläge und machen Breite und Geschlossenheit des toten Raumes schwanken. Doch an dem Urzustand der Wüsten ist durch menschliche Eingriffe nicht zu rütteln. Ohnmächtig sind wir, und mögen wir noch so viele grüne Inseln schaffen und das Ödland zwingen, seine Eroberungen der letzten Jahrtausende wieder frei zu geben.

Dauernd bekämpft die Wüste alles, was Menschenhand ins Leben gerufen hat. Unermüdlich versucht sie das, was künstlich das Landschaftsbild veränderte, wieder zu verwischen. Ihre Arbeit ist zäh und führt zum Ziel. Was erhöht ist, wird eingeebnet; was vertieft ist, zugeschüttet und das eine wie das andere zumeist mit einer Lesedecke versehen. Oder die Wüste kommt heran mit ihren Sandschwaden und deckt alles wie mit einem gelben Leichentuch zu. Wo der Mensch in seiner Arbeit nachläßt, werden seine Spuren getilgt, je nach der Schärfe der Wüste hier rascher, dort langsamer, und das Land fällt in seine alte Ungangbarkeit zurück.

Bemeistern wird der Mensch die Natur hier *nie*. Wir werden wahrscheinlich die schlimmste Armut des Wüstenmenschen beheben und so manches Kornfeld in heute wasserlosem Land zum Reifen bringen; wir werden der Wüste immer mehr Bodenschätze entreißen und vielleicht lernen, in ihrem Bereich Sonnenkraftwerke zur Energieerzeugung anzulegen. Aber wir werden die Kräfte der Wüste nicht bezwingen, denn sie sind unvermeidlichen Vorgängen in der Lufthülle der Erde zuzuschreiben, und darum werden wir auch nie die Drohung beseitigen können, die aus den klimatischen Gegebenheiten der Wüste für die umgebenden Länder entsteht.

Orts- und Personenverzeichnis[1]

Kursive Zahlen beziehen sich auf Abbildungen.

---

[1] Sehr gebräuchliche oder allzu häufig vorkommende Namen wie Asien, Arabien, Atlantischer Ozean usw. sind nicht aufgenommen.

Sachverzeichnis

Kaseh 51, 60f.
Kawire 2, 49, 51, 59f., 70, 114, 122, 127, 140; siehe auch Grundwasserpfannen
Kernsprünge 5, 14, 19, 52
Kernwüste 52ff., 126, 134, 140
Kieselsäure siehe Verkieselungen
Kochsalzausscheidungen siehe Salzausscheidungen
Konvergenz 71
Korrasion 28ff., 42f., 45f., 48, 54f., 59
— landschaft 29, 43f., 55
Krusten 5, 18, 21f., 27, 31, 38, 43, 48, 51f., 55f.
Künstliche Bewässerung 128, 134, 144, 146f., 149ff., 152
Küstenwüsten 10, 12, 136

Lesedecke 31, 54, 153
Lomavegetation 135
Löss 32, 55, 126

Mesa 127

Neulinge 80
Niederschläge 22, 25, 79
— (Defizit und Höhe) 2, 6ff., 12, 16, 53
— (Verteilung) 10, 77, 88, 92, 115, 119ff., 123f., 125f., 129, 134, 137, 139f., 144, 148, 151f., 153

Oghurd 37, 122
Ölindustrie in der Wüste 113, 118, 120, 148f.

Panzerung 31, 56; siehe auch Pflaster
Passate und Passatwüsten 11, 115, 118, 123, 129
Pfannen 44, 47f., 135
Pflaster 31f., 44; siehe auch Panzerung
Pilzfelsen 5, 20, 29
Playa 130
Pyramidendünen 35

Qa'id 37
Qal'äh Rig 37
Qanate 146
Quellen 27, 77, 87

Rachelbildung 24, 146
Reg 116

Regenschattenwüsten siehe Reliefwüsten
Région hyperdésertique siehe Kernwüste
Reihensande 35, 124
Reliefwüsten 11f., 115
Rhurd 37
Rillensteine 21
Rinden 5, 14, 18ff., 22, 31f., 42, 44f., 51f.
Rippelmarken 33, 35, 38

Salares 135
Salzabsätze 48
Salzausscheidungen (Versalzung) 18, 22, 27, 69, 84, 136, 146f.
Salzgehalt der Wüstenböden 12
— des Wassers 27, 130, 150
Salzkrusten 48f., 60, 140
Salzpfannen 124, 139
Salzpflanzen 72
Salzscheiben 49
Salzschlammoräste siehe Kawire
Salzseen 12, 130
Salzsprengung 20, 52
Salzsumpf siehe Kawir
Salzverkittung siehe Verkittung
Salzwüste 126; siehe auch Kawir
Sand 25f., 28, 31ff., 34, 43, 45f., 55, 64, 72f., 79, 116, 118f., 124, 126f., 130, 144, 146, 153; siehe auch Dünen
Sandgebläse siehe Korrasion
Sandhosen 64
Sandschliff 5, 45; siehe auch Korrasion
Sandsturm 28, 61f.
Sandwehen siehe Dünen
Säulengänge 20
Schalensprünge 14
Schärfe der Wüste 51ff., 153
Schichtfluten 22f., 45ff., 54, 137
Schichtwasser 26f.
Schlammströme 23, 68, 141
Schlammbrei 55; siehe auch Kawire
Schleifende Windwirkung siehe Korrasion
Schor 124
Schutt 18, 23, 42, 45, 48, 53f., 58, 122, 126f., 129f., 135f., 137, 139
Schutteindeckung siehe Eindeckung
Schuttkegeln 27

Berichtigung und Ergänzung

Seite 20, Zeile 4 von oben

    statt: das Auskristallisieren von Salzen

    lies: Wasseraufnahme (Hydratation)

Seite 34, Zeile 13 von unten

    lies: in der Hauptwindrichtung dahinziehen oder genauer ausgedrückt
in der Richtung aller Sandbewegungen, die sich aus dem Zusammen-
wirken der verschiedenen Winde ergeben.

Kartenanhang

I

10
20
30
40
Südafrika
Namib
Kongo
Angola
0 400 800 1200 1600 2000 km
Sambesi
Swakop
mund
Dama
Nama
1
3
2
Kala-
hari
Lüderitz-
bucht
Karru
1 Swakop
2 Kuisab
3 Walfisch-Bai
streng wüstenhaft
(Namib)
gemäßigt wüstenhaft
weniger als 250 mm Niederschläge
10
20
30
40

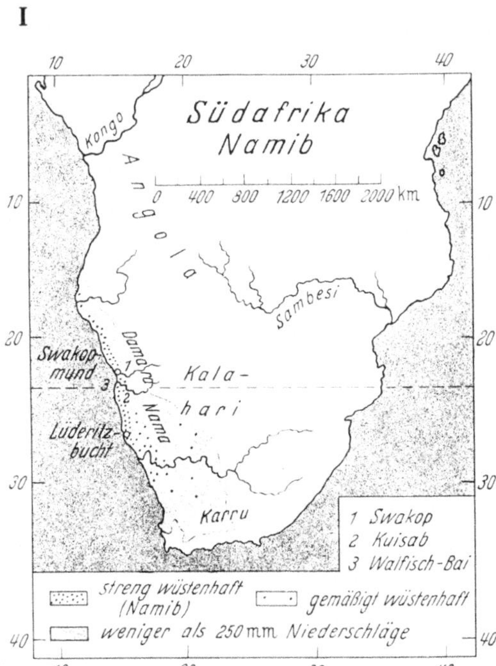

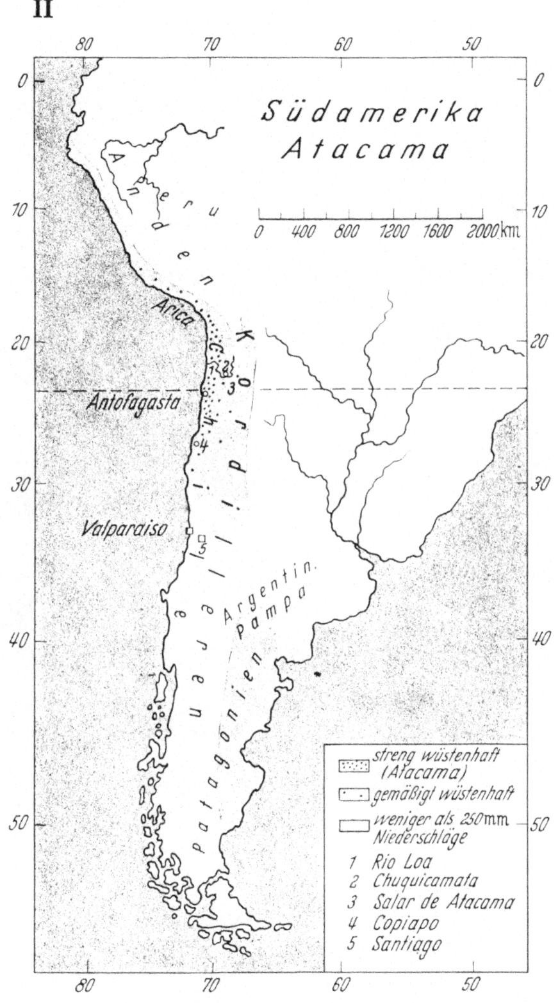

Südamerika
Atacama
400 800 1200 1600 2000 km
Anden
Peru
Arica
Antofagasta
Küstenkordillere
Valparaiso
Argentin. Pampa
Patagonien
streng wüstenhaft (Atacama)
gemäßigt wüstenhaft
weniger als 250 mm Niederschläge
1 Rio Loa
2 Chuquicamata
3 Salar de Atacama
4 Copiapo
5 Santiago

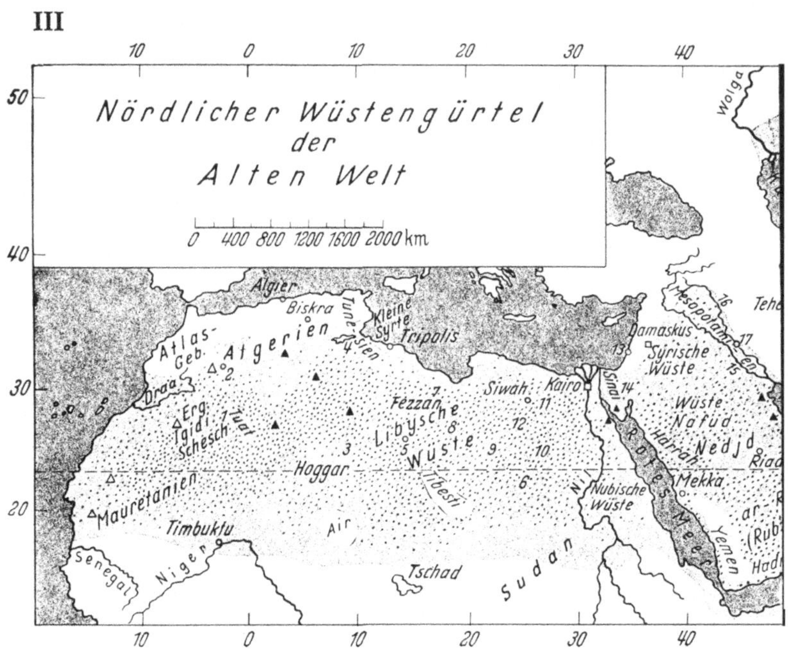

Nördlicher Wüstengürtel
der
Alten Welt
0 400 800 1200 1600 2000 km
50
40
30
20
10 0 10 20 30 40
10 0 10 20 30 40
Wolga
Algier
Biskra
Tunesien
Kleine Syrte
Tripolis
Damaskus
Mesopotamien
Teh
Syrische Wüste
Siwah
Kairo
Atlas-Geb.
Algerien
Draa
Erg. Igidi
Schesch
Tuat
Fezzan
Libysche
Wüste
Sinai
Wüste
Nafūd
Nedjd
Riad
Hoggar
Tibesti
Nubische Wüste
Nil
Harrah
Mekka
Rotes Meer
ar. R (Rub'
Mauretanien
Air
Yemen
Hadr
Timbuktu
Senegal
Niger
Tschad
Sudan

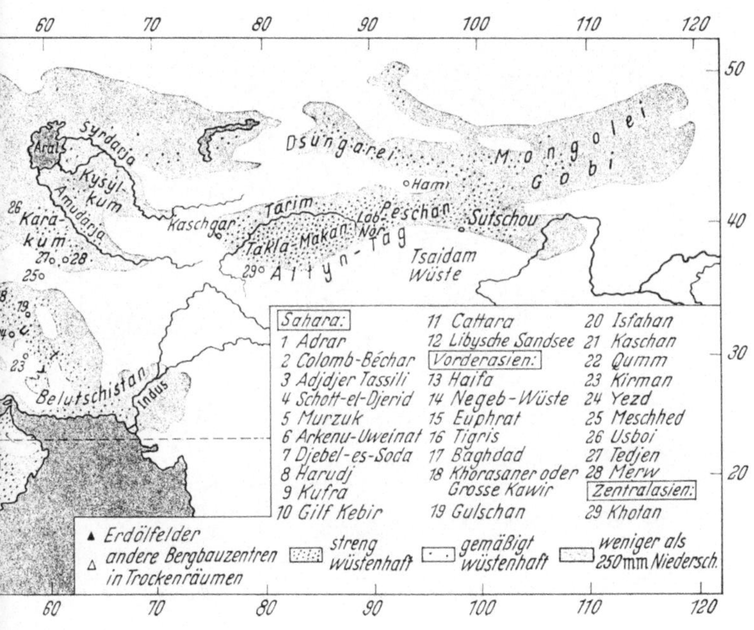
60
70
80
90
100
110
120
50
Dsungarei
Mongolei
Gobi
Aral
Syrdarja
Kysyl-kum
Amudarja
Kaschgar
Tarim
Hami
Lob-Nor
Peschan
Sutschou
40
Karakum
Takla-Makan
Tsaidam
Wüste
Altyn-Tag
Belutschistan
Indus
Sahara:
1 Adrar
2 Colomb-Béchar
3 Adjdjer Tassili
4 Schott-el-Djerid
5 Murzuk
6 Arkenu-Uweinat
7 Djebel-es-Soda
8 Harudj
9 Kufra
10 Gilf Kebir
11 Cattara
12 Libysche Sandsee
Vorderasien:
13 Haifa
14 Negeb-Wüste
15 Euphrat
16 Tigris
17 Baghdad
18 Khorasaner oder
Grosse Kawir
19 Gulschan
20 Isfahan
21 Kaschan
22 Qumm
23 Kirman
24 Yezd
25 Meschhed
26 Usboi
27 Tedjen
28 Merw
Zentralasien:
29 Khotan
30
20
▲ Erdölfelder
△ andere Bergbauzentren
in Trockenräumen
streng
wüstenhaft
gemäßigt
wüstenhaft
weniger als
250 mm Niedersch.
60
70
80
90
100
110
120

IV

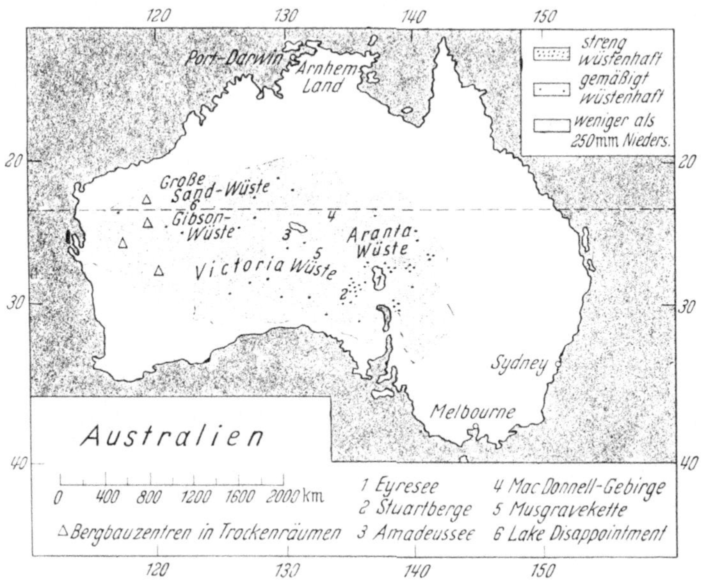
120 130 140 150
Port-Darwin
Arnhem Land
D
streng wüstenhaft
gemäßigt wüstenhaft
weniger als 250 mm Nieders.
20
Große Sand-Wüste
6
Gibson-Wüste
Aranta-Wüste
3
4
Victoria Wüste
5
2
30
Sydney
Melbourne
Australien
40
0 400 800 1200 1600 2000 km
△ Bergbauzentren in Trockenräumen
1 Eyresee
2 Stuartberge
3 Amadeussee
4 Mac Donnell-Gebirge
5 Musgravekette
6 Lake Disappointment
120 130 140 150
20
30
40

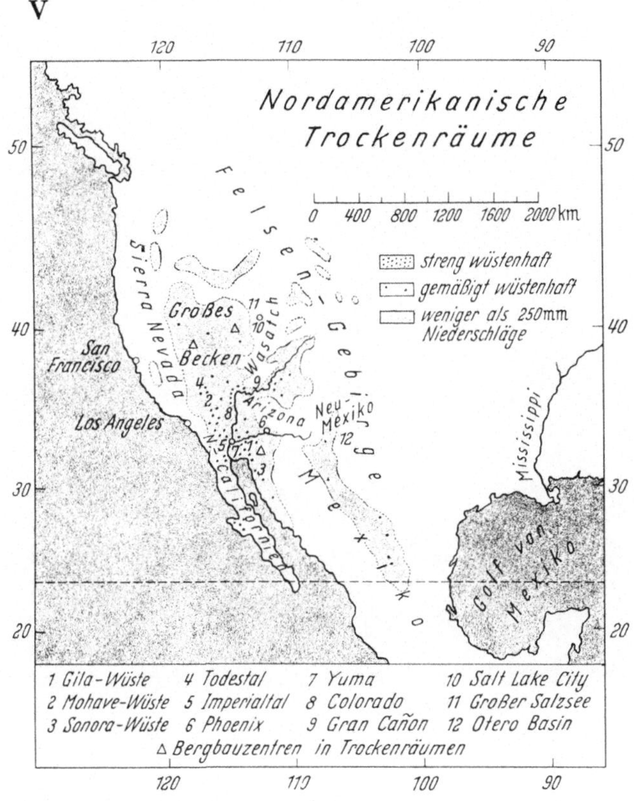

V
120 110 100 90
Nordamerikanische
Trockenräume
50 50
0 400 800 1200 1600 2000 km
streng wüstenhaft
gemäßigt wüstenhaft
weniger als 250mm
Niederschläge
Felsengebirge
Sierra Nevada
Großes
Becken
Wasatch
San Francisco
Los Angeles
Arizona
Neu Mexiko
Kalifornien
Mexiko
Mississippi
Golf von Mexiko
40 40
30 30
20 20
1 Gila-Wüste 4 Todestal 7 Yuma 10 Salt Lake City
2 Mohave-Wüste 5 Imperialtal 8 Colorado 11 Großer Salzsee
3 Sonora-Wüste 6 Phoenix 9 Gran Cañon 12 Otero Basin
△ Bergbauzentren in Trockenräumen
120 110 100 90